新型肥料生产工艺与装备

车宗贤 冯守疆 袁金华 李永安 等 著

科学出版社

北 京

内 容 简 介

　　新型肥料是传统肥料转型升级以及农业绿色发展的重要生产资料。但由于新型肥料品种繁多、创新速度快等特点，在产业化过程中存在生产工艺不完善、制造设备不配套和原辅料质量不稳定等系列问题，严重影响产品质量与效益提升，针对这些问题，笔者组织撰写了《新型肥料生产工艺与装备》一书。本书选择了水溶性肥料、微生物肥料、生物有机肥料、缓控释肥料、生物炭基肥料、土壤调理剂等常见新型肥料品种，系统全面地介绍了其生产工艺方案、设备能力参数与选型、原辅料性能与配伍等生产核心问题，同时也介绍了肥料质量检测、工业许可证和推广登记许可证办理等重要质量管理内容。

　　本书可作为新型肥料科研工作者、生产者和推广应用者的工具用书。

图书在版编目 (CIP) 数据

新型肥料生产工艺与装备/车宗贤等著. —北京：科学出版社，2020.6
ISBN 978-7-03-064534-0

Ⅰ. ①新…　Ⅱ. ①车…　Ⅲ. ①肥料工业–生产工艺 ②肥料工业–化工设备　Ⅳ. ①TQ440

中国版本图书馆 CIP 数据核字(2020)第 033975 号

责任编辑：李秀伟 / 责任校对：郑金红
责任印制：赵　博 / 封面设计：无极书装

科　学　出　版　社 出版
北京东黄城根北街 16 号
邮政编码：100717
http://www.sciencep.com
北京凌奇印刷有限责任公司印刷
科学出版社发行　各地新华书店经销
*
2020 年 6 月第 一 版　开本：B5 (720×1000)
2025 年 1 月第三次印刷　印张：12 1/4
字数：247 000
定价：135.00 元
(如有印装质量问题，我社负责调换)

作 者 简 介

车宗贤，甘肃省农业科学院土壤肥料与节水农业研究所所长，研究员，硕士研究生导师。1989 年毕业于西北农业大学土壤农业化学系。甘肃省千名领军人才，甘肃省"555"创新人才，国家级实验室资质认定（CMA）和认可（CNAS）评审员，农业农村部甘肃耕地保育与农业环境科学观测实验站站长，国家土壤质量凉州观测试验站站长，国家绿肥产业技术体系武威综合试验站站长。中国土壤学会常务理事，中国植物营养与肥料学会常务理事、副秘书长、新型肥料专业委员会副主任，甘肃省土壤肥料学会理事长；《农业资源与环境学报》编委，"全国肥料和土壤调理剂标准化技术委员会新型肥料分会"委员。

长期从事农业资源环境研究，负责"甘肃省土壤肥料长期定位试验协作网"的工作，主持"甘肃祁连山农牧区旅游区有机废弃物生态高效利用技术集成示范"等国家重点研发计划课题、国家自然科学基金项目（地区）、国家科技支撑计划子课题等项目 8 项，主持完成省部级及其他各类科研课题 30 余项。曾获甘肃省科技进步二等奖 3 项、三等奖 3 项，省专利三等奖 1 项，中国土壤学会科技奖二等奖 1 项，甘肃省农业科技进步奖一等奖 2 项、三等奖 2 项，甘南州科技进步奖二等奖 1 项，其中"番茄、黄瓜、辣椒专用肥研制与应用推广"、"甘肃旱区主要农业废弃物资源化利用关键技术研究与应用"和"绿洲和沿黄灌区循环农业模式及支撑技术体系研究与示范"3 项成果获甘肃省科技进步奖二等奖；"小麦除草、玉米缓释、棉花防病、花卉胶囊专用肥研制"、"农产品质量安全近红外速测技术研究"和"河西高产地区施肥结构研究"3 项成果获甘肃省科技进步奖三等奖；"花卉专用胶囊肥"获甘肃省专利三等奖；"腐植酸肥料系列产品生产中试及应用技术研究"获甘南州科技进步奖二等奖。获授权"小麦除草专用肥"、"玉米缓释专用肥"、"花卉专用胶囊肥料"、"棉花防病专用肥料"、"一种全膜覆盖玉米注灌肥及其制备方法"和"一种梨树酸性滴灌肥料及其制备方法"等 9 项发明专利；制定颁布《绿色农业"小麦-菇-肥-葡萄"大田设施配套循环型技术规范》等 18 项地方标准；撰写出版《土壤科学与水肥资源高效利用》、《甘肃省作物专用复混肥料农艺配方》和《甘肃省耕地土壤肥力演变》专著 3 部，在国内外公开出版物上发表论文 90 余篇。

著 者 名 单

主　任　车宗贤

副主任　冯守疆　袁金华　李永安

其他著者（按姓名笔画排序）：

王　婷　李　忠　李　娟　杨君林

张旭临　武翻江　赵欣楠　俄胜哲

黄　涛　颜庭林

序

　　化肥是粮食的"粮食"，在作物增产中的贡献高达 40%～60%，因此，它一直是保障国家粮食安全和农产品有效供给的最重要的战略性物资。当前，我国化肥年用量达 6000 万 t 左右，占世界化肥消费总量的三分之一多，已经成为全球最大的化肥生产和消费国。然而，我国肥料利用率却远低于欧美等发达地区，化肥损失严重，环境效应越来越大，化肥这种在保障粮食安全的同时却又严重威胁环境安全的"双刃剑"作用越来越引起全社会的关注。造成这个问题的原因之一是肥料技术创新不够，那些既能及时提供作物生长发育所需要的营养，又能尽可能少损失、少浪费，且经济可行的肥料新技术依然匮乏。

　　近年来，国家高度重视肥料技术的创新，"十三五"启动了化肥减施增效技术、果蔬茶有机肥替代化肥技术、有机废弃物资源化利用等一系列重点研发和示范推广计划，对减肥增效，提高肥料利用率和确保粮食安全，同时减轻化肥对环境的负面影响都将发挥重要作用。

　　新型肥料作为未来肥料发展的主要方向，在化肥减施增效和保障粮食安全及环境安全方面必将发挥重要作用。为此，"植物营养与新型肥料创制"和"祁连山农牧旅游区有机废弃物生态高效利用技术集成示范"等课题组，组织撰写了《新型肥料生产工艺与装备》一书，非常及时和必要。该书以水溶性肥料、微生物肥料、生物有机肥料、缓控释肥料、生物炭基肥料、土壤调理剂等新型肥料为主线，重点对上述 6 类新型肥料的生产工艺技术和生产设备选型作了诸多研究和探索；系统全面地阐述了新型肥料的定义和分类、生产新型肥料的主要原辅材料、质量检测方法与仪器配制等；对新型肥料工业许可证和肥料推广登记许可的办理要求作了梳理和阐述。该书是新型肥料制造工艺和装备有关的专业书籍，对推动新型肥料标准化生产和技术革新有重要意义，对从事新型肥料生产、销售和使用的企业和个人都有一定的参考价值。

中国工程院院士

2020 年 2 月 29 日于北京

前　言

　　农业是全面建成小康社会和实现四个现代化的基础，近年来我国耕地和粮食作物播种面积逐年下降，提高单产是增加粮食总产的唯一途径。若以人均需粮400kg 计，2030 年 16 亿人口需粮 6.4 亿 t，这就要求粮食平均单产要由目前的45t/hm² 提高到 75t/hm²，增产 66.7%，任务艰巨。肥料是粮食的"粮食"，是保障粮食安全的基本生产资料。化肥的出现改变了自然界养分元素的物质循环过程，使大量的营养元素输入到农田生态系统。但现有化肥自身存在养分单一、缓释性差等某些缺陷以及人为不合理施用，给环境造成了不同程度的污染。我国土壤目前面临耕地质量下降以及环境污染的双重挑战。其中，耕地质量问题包括土壤酸化、板结、盐碱化、肥力减退、营养失衡、重金属污染等，如果不能对农田养分循环合理管理，土壤生产力可能会出现衰退。生态环境问题包括氮、磷、硫、氟等污染物排放，土壤生物性显著降低，水和大气环境变差等诸多问题。

　　世界和中国每年氮肥消费量分别约为 9000 万 t 和 2000 万 t，通过气态、淋洗和径流等各种途径离开农田的损失数量分别达 3500 万 t 和 900 万 t。世界各国在针对普通化学肥料利用率低，使用过程中容易出现损失而污染环境等问题，纷纷研制新型肥料。与传统肥料相比，新型肥料可以节省肥料的用量、减少施肥次数、节省劳动力，同时也能减少养分损失、提高肥料利用率、降低对环境的污染，以及提高作物抗逆、改善资源利用效率等，对农业的可持续发展有着重要的意义。

　　近年来，生态文明的理念深入人心，生态文明建设有序推进，"绿色发展"更是成为"十三五"五大发展理念之一，2015 年农业部印发《到 2020 年化肥使用量零增长行动方案》中提到推进新肥料新技术应用。一是加强技术研发，组建一批产学研推相结合的研发平台，重点开展农作物高产高效施肥技术研究，速效与缓效、大量与中微量元素、有机与无机、养分形态与功能融合的新产品及装备研发。二是加快新产品推广，示范推广缓释肥料、水溶性肥料、液体肥料、叶面肥、生物肥料、土壤调理剂等高效新型肥料，不断提高肥料利用率，推动肥料产业转型升级。三是集成推广高效施肥技术模式，结合高产创建和绿色增产模式攻关，按照土壤养分状况和作物需肥规律，分区域、分作物制定科学施肥指导手册，集成推广一批高产、高效、生态施肥技术模式。新技术新产品的推广应用必须以新型肥料为基础，因此与新型肥料相关的生产技术就显得尤为重要。

　　新型肥料的发展是传统肥料转型升级、绿色发展的主要途径，也是适应农业绿色发展的需要。但目前新型肥料产业也存在一些问题和困难：一是部分企业技术力量和技术装备较弱，质量保证体系有待完善；二是有机肥企业加工能力和生产规模远不能满足农业废弃资源加工利用的需要，有待提升产能；三是不少企业环保有欠账或地处环境敏感区域，面临关停或搬迁，需要先进工艺技术；四是大多数肥料企业有生产工艺改进、设备配置优化和产品质量提升的刚性需求，需要普及新工艺和新装备知识。

面对肥料生产领域存在的以上问题和需求，本着促进产业、服务企业、推进高质量发展的理念，我们组织科研机构、质检部门、肥料监管机构及生产企业的专家撰写《新型肥料生产工艺与装备》专著。全书共有 7 章，第 1 章概述了 8 种新型肥料及工艺装备，第 2 章详细介绍了 5 大类 35 种生产肥料主要原料及辅料，第 3 章收集整理了 11 种肥料通用制造设备能力参数，第 4 章详述了 6 类新型肥料生产制造工艺方案及设备选型，第 5 章阐述了质量检测方法与仪器，第 6 章介绍了肥料工业生产许可证办理与要求，第 7 章介绍了肥料推广登记许可证要求。本书以新肥料生产过程为主线，系统介绍了新肥料生产过程中原料选择、设备选型、生产工艺、质量控制、登记许可等关键技术和难点问题，期望对肥料生产企业、科研教学单位、技术推广和管理部门有帮助。

本书共有 14 位专家参与了撰写，由车宗贤、冯守疆、袁金华、李永安等策划、组织和统稿。其中，第 1 章由王婷、杨君林、赵欣楠、张旭临主笔；第 2 章由袁金华、王婷、车宗贤、李娟、张旭临、颜庭林主笔；第 3 章由杨君林、李忠、李永安、俄胜哲主笔；第 4 章由冯守疆、李娟、李永安、赵欣楠、李忠、俄胜哲、车宗贤、袁金华、杨君林主笔；第 5 章由黄涛、武翻江、颜庭林、车宗贤、李永安主笔；第 6 章由颜庭林、武翻江、黄涛、车宗贤、冯守疆主笔；第 7 章由武翻江、颜庭林、车宗贤、冯守疆、袁金华主笔。在此，对参与本书撰写的所有作者表示衷心的感谢！

本书出版得到甘肃省农业科学院科技创新专项计划"植物营养与新型肥料创制"（2017GAAS26）、"甘肃祁连山等地区多源固废安全处置集成示范"（2018YFC-1903704）、"国家绿肥产业技术体系"（CARS-22-Z-16）等多个项目的支持，特此致谢！

本书撰写过程中，中国农业科学院张树清研究员和上海化工研究院陈明良教授级高级工程师给予了极具价值的意见和建议，在此致以衷心感谢！

本书得到中国工程院院士、中国农业大学张福锁教授的指导，张教授亲自为本书作序，对我们的工作给予充分肯定和鼓励，在此深表衷心感谢！

限于作者水平，书中难免有不足和疏漏，敬请各位读者批评指正。

车宗贤
2020 年 2 月 29 日

目　　录

第1章 新型肥料及工艺装备概述

1.1 新型肥料的概念及分类

化肥是我国农业生产中最为重要的生产资料，20 世纪 60~70 年代，我国化肥工业刚起步，随着国家提出的"大办小氮肥、小磷肥"的号召，全国各地小氮肥、小磷肥雨后春笋般兴起，但化肥产品只有碳酸氢铵、普通过磷酸钙和钙镁磷肥。大化肥尿素、高浓度磷复肥和钾肥工业几乎空白。此时期我国氮肥年产量仅有 6000t 左右（折纯）（中国农业年鉴编辑委员会，2002），70 年代中后期我国开始从国外引进 10 套大化肥装置陆续投产。从 20 世纪 80 年代开始，国家先后引进的国外 24 套磷铵装置开始陆续建设，我国第一个钾肥生产装置青海钾肥厂也正式动工兴建，我国的化肥产品逐渐发展为单一的化学氮、磷、钾肥料，随着农产品价格的增长和农产品需求的增加，通过大量施肥而获得高产成为当时农业生产的主流，农业生产模式简单粗放，化肥需求量快速增加，据预测，到 2030 年我国化肥需求量将达到 6600 万~7000 万 t（赵秉强等，2008）。化肥工业的快速发展带来了诸多问题，化肥行业的发展可谓是机遇与挑战并存（李庆逵等，1998），一方面，肥料生产经营脱离农业需求、肥料品种结构不合理、肥料利用率低、施肥技术落后、肥料管理制度不健全等问题相继出现，另一方面，过量施肥、盲目施肥造成了资源大量消耗、环境污染严重、地区发展不平衡等现象（李家康等，2001）。近年来，生态文明的理念深入人心，生态文明建设有序推进，"绿色发展"更是成为"十三五"五大发展理念之一，2015 年农业部印发《到 2020 年化肥使用量零增长行动方案》中提到的重点任务之一即为："推进新肥料新技术应用。一是加强技术研发，组建一批产学研推相结合的研发平台，重点开展农作物高产高效施肥技术研究，速效与缓效、大量与中微量元素、有机与无机、养分形态与功能融合的新产品及装备研发。二是加快新产品推广，示范推广缓释肥料、水溶性肥料、液体肥料、叶面肥、生物肥料、土壤调理剂等高效新型肥料，不断提高肥料利用率，推动肥料产业转型升级。三是集成推广高效施肥技术模式，结合高产创建和绿色增产模式攻关，按照土壤养分状况和作物需肥规律，分区域、分作物制定科学施肥指导手册，集成推广一批高产、高效、生态施肥技术模式。"2016 年农业部推行"化学农药和化肥'双减'措施"指出：制定化肥农药施用限量标准，发展肥料有机替代和绿色防控技术，创制新型肥料和农药，研发大型智能精准机具，以及加强技术集成创新与应用是我国实现化肥和农药减施增效的关键。 因此，通过开发和生产新型肥料产品、科学施肥、提高肥料利用率、保证粮食生产安全等方式来推动农业生产可持续发展，是我国未来肥料发展的重点。

1.1.1 新型肥料定义

所谓新型肥料，是有别于传统的常规的肥料，它与常规肥料的区别在于"新"字（赵秉强等，2013）。其本质必须是肥料，能够起到为植物生长提供必需的养分和兼具改善土壤的作用。新型肥料应表现在以下几个方面：一是在肥料生产原料或肥料添加剂等方面采用新型材料；二是在肥料产品形态上有所更新，除了传统的颗粒状固体肥料以外，液体肥料、气体肥料、膏状肥料等都可以称为新型肥料；三是在肥料生产上采用新方法和新工艺；四是在肥料的功能和功效上有新突破，如新型肥料除了提供必要的养分以外，还具有保水、抗病、杀虫、改良土壤酸碱度等其他功能；五是在施肥方式上有新变化，如缓控释肥一次性施入就能满足作物整个生育期内的养分需求，相较于传统施肥方式，不仅能够提高肥料利用率，还能大大减轻农民劳动强度，降低施肥成本，符合我国现代农业"轻简化"的要求。

目前国内外对新型肥料的界定主要依据以下几点：一是是否能够提高传统化肥的性能和功效；二是肥料的理化性质是否改变，是否提高了产品的商品性；三是生产工艺水平是否处于国际国内领先水平；四是是否具有良好的社会、经济和环境效益；五是是否应用最新科学技术成果；六是是否具有可持续性特征，对土壤不会造成伤害。

1.1.2 新型肥料发展进程

新型肥料的发展主要包括两个方面：一是对传统（常规）肥料进行再加工，使其营养功能得到提高或使之具有新的特性和功能；二是通过开发新资源，利用新理论、新方法和新技术等，研发肥料新类型、新产品。世界化肥的生产和使用历经 3 次变革。20 世纪 60 年代之前，生产的化肥多为单质低浓度肥料；60～80 年代，发达国家发展高浓度化肥和复合肥；最近 20 年，发达国家开始重点研究缓控释肥、生物肥料、有机-无机复合肥料、功能性肥料，成为新型肥料研究与发展的热点（赵秉强等，2004）。自 20 世纪 70 年代以来，我国肥料行业步入了理性发展阶段。第一阶段是 20 世纪 70 年代的肥料高浓度化，比较典型的代表是高浓度尿素取代了低浓度碳铵。第二阶段是 20 世纪 80 年代中期的肥料复混化，典型代表是磷肥、复合肥、磷酸二铵取代了普钙。第三阶段是 2005 年至今，新型肥料发展掀起高潮（夏循峰，2011）。

1.1.3　新型肥料分类

按照新型肥料的组成和性质，新型肥料主要分为以下类型：①水溶性肥料；②微生物肥料；③生物有机肥料；④缓控释肥料；⑤功能性肥料；⑥沼渣沼液肥料；⑦炭基复合肥料；⑧土壤调理剂（赵秉强等，2013）。

1.1.4　新型肥料的发展趋势及主要对策

近年来，随着世界人口的快速增长，人类对粮食及各种农产品的需求量逐渐增加，农业发展的趋势越来越密切地影响着肥料行业的发展趋势，保证农业生产沿着绿色、高效、安全方向发展的重要基础是重视和加快新型肥料的发展。新型肥料的出现和发展更是作为重要的农业生产资料之一为农业生产可持续化提供了可能。

新型肥料的发展对策：一是新型肥料高效化。在当前农业现代化生产的模式下，对肥料的养分供给要求越来越高，新型肥料不仅需要满足作物生长的养分需求，还需要提高肥料利用率，并要求达到简化施肥操作程序，降低农业生产成本。二是新型肥料复合化。目前农业现代化的发展对肥料的要求不再是单一的化学肥料，而是至少具有两种以上功能的新型肥料，既可以提供作物生长需要的各种养分，也可以起到改良土壤环境的作用。三是新型肥料长效化。相较于传统肥料而言，实现新型肥料功能和时效的长效化更有利于促进我国现代农业的发展（古丽皮叶·艾乃吐拉，2016）。

1.2　水溶性肥料

1.2.1　水溶性肥料定义

水溶性肥料，是一种能够完全溶于水的单质化学肥料或多元复合肥料。它能够在水中进行溶解或稀释，从而更易于被植物吸收利用，水溶性肥料通常呈液体或固体状，多用于叶面喷施、无土栽培、浸种蘸根、喷滴灌等，与常规肥料相比，水溶性肥料的主要特点是溶解迅速、施用成本低、方便易吸收、肥料利用率高、肥效快、针对性强。在现代农业生产中，水溶性肥料在喷灌、滴灌等设施农业中的应用，为实现水肥一体化技术，达到节水节肥的高效农业生产做出了很大贡献。

1.2.2　水溶性肥料生产工艺

按水溶性肥料的形态划分，可分为固体粉末状水溶肥、固体颗粒状水溶肥和液体水溶肥;按水溶性肥料的功能划分,可分为营养型水溶肥和功能型水溶肥;按水溶性肥料的成分配比,可分为单一型水溶肥和复合型水溶肥(赵秉强等,2013)。在生产工艺上,不同的水溶肥类型,可根据不同作物的养分需求、不同施肥方式要求、不同功能功效来确定水溶性肥料的配方、成分配比和生产工艺流程。但总体来说,不管采用何种制备工艺,都需要满足以下几个特点:一是易于溶解于水中,且没有沉淀和残渣;二是适用于喷施和滴灌设备,且具有相容性,可与其他产品(农药、杀虫剂、生长剂等)同时使用,节省用工、用时;三是配料生产农艺配方合理,针对性强,能够提供作物生长养分需求,施肥效果明显,用量少,降低作业成本;四是对农田环境污染小或无污染,保证粮食生产安全。

1.2.3 水溶性肥料发展趋势

随着我国 20 世纪以来农业生产的快速发展,农业资源和环境大量消耗,造成了水资源严重匮乏和温室效应日益严重。近年来,国家大力倡导创建"资源节约型和环境友好型"的农业生态,水肥一体化技术的研发与推广在维持农田生态平衡、提高水肥资源高效利用、发展环保型现代农业方面起到了重要作用。水溶性肥料是水肥一体化技术中的关键环节,水溶性肥料的出现应用,实现了"水肥同施,以水带肥",为发展"绿色、节本、增效、环保"的可持续农业提供了广阔前景。我国地广物博,各地区气候类型、生态类型多样,农田土壤环境差异较大,因此,水溶性肥料产品应向着系列化、高浓度化、多元化和功能高效化的方向发展。未来我国水溶性肥料产品的研发趋势主要有以下几方面:一是加强叶面肥吸收机理和喷施肥料理论研究;二是提高养分浓度和施肥效果;三是加强高效助剂和有机活性物质的研究;四是重视络(螯)合物质的开发;五是加强针对性强的专用水溶性肥料的研究;六是规范水溶性肥料行业标准,并对目前的水溶性肥料实用技术进行施用技术优化和推广(李燕婷等,2009)。

1.3 微生物肥料

1.3.1 微生物肥料定义

微生物肥料是指含有特定微生物活体的制品,应用于农业生产,通过其中所含微生物的生命活动,增加植物养分的供应量或促进植物生长,提高产量,改善农产品品质及农业生态环境[《微生物肥料术语》(NY/T 1113—2006)]。微生物肥料不同于微肥,二者之间有本质的区别:微生物肥料以活的生命群体为中心,而微肥是指矿质元素。微生物肥料不是一种直接对农作物供给养分的肥料,而是通过微生物生长和生理活动来间接影响植物生长和土壤环境,达到提供营养的作用，主要包括 6 个方面：一是提高土壤肥力；二是改善土壤结构和土壤理化性质；三是可促进和调节作物生长发育；四是提高作物品质；五是增强作物抗性；六是提高肥料利用率。

1.3.2　微生物肥料生产工艺

根据微生物种类和功能繁多的特点，可以开发出不同功能和用途的微生物肥料产品。按微生物种类划分，可将微生物肥料分为细菌类、放线菌类、真菌类、藻类、复合型共 5 类微生物肥料；按肥料作用特性划分，可分为微生物接种剂和复合微生物肥料；按肥料功效划分，可分为固氮、分解难溶性矿物质、分解有机质、刺激和调节植物生长、增强抗逆性 5 类微生物肥料（刘秀梅等，2006）；按其产品形态划分，可分为液体、粉末和颗粒状三种类型。

微生物肥料的生产包括两个过程（刘秀梅等，2006）。一是微生物的培养过程：微生物原种→平板培养→摇床培养→提纯→鉴定→复壮→发酵；二是肥料的生产过程：有机肥物料→烘干灭菌→投放微生物→搅拌→产品→评价。微生物肥料产品的质量关键是菌种，微生物菌株可以经过人工选育并不断纯化、复壮以提高其活力，特别是随着生物技术的进一步发展，通过基因工程方法获得所需的菌株已成为可能。

1.3.3　微生物肥料发展趋势

近十年来，微生物在农业生产活动中的重要作用已越来越被人们所认识，微生物肥料的发展也开始在化肥工业中占有一席之地。首先，微生物肥料适用的作物种类和地区生态类型多，其市场容量大；其次，微生物肥料可以替代部分化学肥料，既能够保证作物稳产又能改善土壤环境、减少化肥对环境造成的污染，取得良好的社会效益和生态效益。因此，微生物肥料发展将围绕以下几个方面（王素英等，2003）：一是微生物肥料的应用范围不断扩大，微生物肥料的功能类型不断增多；二是由单一微生物肥料发展为多元的复合微生物肥料；三是不断研发抗性强、适应性强的微生物肥料菌株；四是改进微生物肥料生产工艺，促进微生物肥料在农业生产中的广泛应用；五是对微生物肥料产品进行规范化和标准化监管。

1.4　生物有机肥料

1.4.1　生物有机肥料定义

生物有机肥料，是指将有机固体废弃物（作物秸秆，人、畜、禽粪便，农副产品加工残留废弃物，有机垃圾，污泥等）处理后经过微生物发酵、除臭和腐熟，再进行干燥后制作生产的有机肥料（张夫道等，2004）。我国传统农耕时代流传一句俗语："庄稼一枝花，全靠肥当家"，生物有机肥料正是利用其含有丰富的营养元素和多种功能类别微生物的特点，起到改良土壤，增加土壤有机质，改善长期施用化肥造成的土壤板结，增加土壤孔隙度，促进土壤吸收的作用，从而增强作物对养分的吸收能力，提高肥料利用率。同时，有机固体废弃物经处理后生产而成的生物有机肥料中含有的有益微生物与土壤中存在的微生物形成共生关系，一方面可以抑制有害菌的生长，另一方面含有多种功能性的有益微生物产生的大量代谢产物，可以促进有机物分解，为作物生长提供多种营养。

1.4.2 生物有机肥料生产工艺

生物有机肥料的生产制备可"就地取材"，根据当地现有的较为丰富的原材料来制备，如人、畜、禽粪便，作物秸秆，食品加工过程中的残渣、饼粕，污泥，城市有机垃圾等，不同类别的原材料在制备过程中与营养剂混配的比例不同，发酵、腐熟的过程处理方式也不同。其生产过程大致包含以下 6 个步骤：有机固体废弃物→粉碎→发酵→除臭→脱水→测试评价（赵秉强等，2013；张夫道等，2004；王素英等，2003），其中关键程序是发酵和除臭。

1.4.3 生物有机肥料发展趋势

随着我国农业现代化的发展和城镇建设的快速发展，产生的有机固体废弃物与从前大不相同，如畜、禽粪便大大减少，城市污泥和城市有机垃圾较 2006 年前后大为增加，由于生物有机肥料多数为当地生产施用，因此不同地区生产原料的变化影响着生物有机肥料发展的方向，有机固体废弃物数量的多少决定了生物有机肥料生产规模的大小，有机固体废弃物的类别也影响着生物有机肥料的制备工艺。近年来，我国公民的生活水平越来越高，越来越多的人对农业产品的质量和安全要求也越来越高，我们提倡并渴望更多的"绿色、环保、无公害"农副产品，这就要求我们应当愈发重视生物有机肥料产品的研发与使用。

1.5 缓控释肥料

1.5.1 缓控释肥料定义

缓控释肥料其实是指在整个作物生育期内可以一直满足作物生长需要的一种具有缓慢释放养分功能的肥料（陈强，2000）。缓控释肥的养分能够在整个作物生育期内延缓释放，比速效肥的肥效更长。进一步细分，可以将其分为缓释肥料和控释肥料，这两者又有各自的定义。

　　缓释肥料，也可称为长效肥，是指肥料施入土壤中通过养分的化学或物理作用缓慢转变或释放能够被作物所吸收的有效态养分的一种化学肥料，缓释肥料的养分释放速度较普通肥料缓慢。控释肥料是缓释肥料的高级形式，是指通过各种机制措施预先设定肥料中的养分在作物生育期内不同生长季节的释放模式，使其养分释放的规律与作物养分吸收规律基本同步的一种肥料（赵秉强等，2013；武志杰和陈利军，2003）。

1.5.2　缓控释肥料生产工艺

　　缓控释肥料释放养分的原理是通过外包膜的方式把肥料包在膜内，其核心就是包裹在复合肥料或单质化学肥料外的这层均匀的膜，膜的表面充满了无数的孔隙，在肥料施入土壤后，养分通过这些孔隙进行调节，使肥料释放养分的速度与作物的需肥规律相吻合（武志杰和陈利军，2003）。根据制备工艺不同，缓控释肥料可以分为以下 4 种类型：包膜型、合成型、生物化学抑制型、基质复合与胶黏型（邹箐，2003）。目前最常采用包膜技术和化学合成技术两种方法进行生产和制备缓控释肥料。欧洲标准化委员会（CEN）综合了有关缓释和控释肥养分缓慢或控制释放的释放率和释放时间的研究，提出了作为缓释和控释肥应具备的几个具体标准，即在 25℃下：肥料中的养分在 24h 内的释放率（肥料的化学物质形态转变为植物可利用的有效形态）不超过 15%；在 28 天之内的养分释放率不超过 75%；在规定时间内，养分释放率不低于 75%；专用控释肥的养分释放曲线与相应作物的养分吸收曲线相吻合。

1.5.3　缓控释肥料发展趋势

　　缓控释肥料相比普通肥料而言有以下几个特点：养分释放速度缓慢，减少养分损失；在作物整个生长季节内养分的释放规律符合作物吸收规律，肥效更长、更稳定；缓控释肥可以一次性施入，大大减少后期追肥次数，降低农业生产成本；提高肥料利用率，降低了施肥过量带来的农业生产资源浪费和对环境的危害（陈强，2000）。综合以上几点可以看出，缓控释肥料作为一种高科技的肥料出现，打破了原有的传统肥料产业发展的格局，是我国发展现代化农业生产的必然趋势（赵秉强和许秀成，2010），今后在缓控释肥料的发展上应注意以下几个方面：一是在缓控释肥料的研发和制备上降低成本，以价格上的优势为农户所接受，扩大推广施用范围；二是研发新型缓控释肥料生产制备的新技术、新工艺、新设备；三是进一步研究不同作物需肥规律，做到使缓控释肥的养分释放更为精准；四是建立规范的监测方法和标准体系。

1.6 功能性肥料

1.6.1 功能性肥料定义

功能性肥料也称为多功能肥料,普通的肥料其功能一般是提供作物生长所需的养分,而功能性肥料除了向作物提供常规的营养物质以外,还具有调控限制作物高产因素的其他功能(赵秉强等,2013)。功能性肥料主要包括以下几类:①高利用率肥料;②改善水分利用率肥料(保水型功能性肥料);③改善土壤结构的肥料;④适应优良品种的肥料;⑤提高作物抗倒伏性的肥料;⑥防治杂草的肥料;⑦抗病、防虫害的肥料。

1.6.2 功能性肥料生产工艺

在我国肥料产业的飞速发展中,围绕功能性肥料产品的研发工作一直不多,近年来随着水肥耦合技术的研究越来越广泛,研究人员开始重视保水剂"以水控肥"的重要作用,保水型功能性肥料也开始慢慢出现。另外,近年来出现的功能性肥料产品还有根际肥料和抗病虫害肥料。根据保水型功能性肥料的生产工艺,可将其分为物理吸附型、包膜型、混合造粒型、构型(片状、盘状、碗状)共4类。根际肥料是近年来出现的一种新型功能性肥料,它可直接施于根际土壤,也可作为营养液与根系或种子接触,还可直接施入植物主根系土壤层中。根际肥料的生产工艺称为根际生态工艺学,该工艺学遵循根际生态系统和生物资源的相互关系。

1.6.3 功能性肥料发展趋势

目前,我国功能性肥料的研究尚属起步阶段,对其产品的研发也并不全面,结合我国的具体特点,功能性肥料的研究重点应放在:①增加机理性研究;②增加对配方配比、生产工艺新技术的研究;③研发具有明显功能性特点的产品,如研制促进作物根系向纵深发展的肥料,研制适应干旱、半干旱地区农业生产特点的肥料,研制改善作物挺立性的抗倒伏功能的肥料,研制以无机营养元素取代有机杀虫(菌)剂的环境友好型肥料,研制保水型肥料等;④加大对功能性肥料的宣传、推广力度,让农民认识、接受这一新型肥料。功能性肥料的研究和生产符合生态肥料工艺学的要求,其应用降低了资源浪费,推动了环境友好发展,将会是肥料产业的又一新的突破。

1.7　沼渣沼液肥料

1.7.1　沼渣沼液肥料定义

沼渣沼液肥料，主要是指作物秸秆和人畜粪便经过厌氧发酵处理后形成的一种优质高效有机肥料。沼渣和沼液都是营养丰富的有机肥，如沼渣含有腐植酸10%～20%，有机质 30%～50%，全氮 1.0%～2.0%、全磷 0.4%～0.6%、全钾 0.6%～1.2%，是一种迟、速兼备的肥料。沼液含有全氮 0.03%～0.08%、全磷 0.02%～0.07% 和全钾 0.05%～1.4%，是一种速效性肥料。同时，由于沼液中含有大量氨基酸和微量元素，因此在增强肥效、调节作物生长和抗逆抗病等方面具有独特的效果。

1.7.2　沼渣沼液肥料生产工艺

沼渣沼液肥料主要是以生产沼气后的沼渣沼液为原料进行高效固化或者高效液化，形成的有机复合肥料（赵秉强等，2013）。生产工艺技术主要原理是固液分离→生物发酵→物理造粒制肥。主要生产工艺流程为将沼渣沼液进行固液分离后，固体部分进行烘干破碎，然后与生物制剂进行混配，实现二次生物肥料发酵，然后造粒干燥，形成生物有机复合肥。液体部分经过沉降、酸化、絮凝、分离、络合、混配和过滤等流程形成液体高效有机肥，可以直接灌溉农田。

1.7.3　沼渣沼液肥料发展趋势

沼渣沼液是沼气生产过程中的一种副产品。基于户用小型沼气利用产生的沼渣沼液大部分被直接用于农田生产，因农户规模较小，所产生的环境风险考虑较少。相反，大型沼气工程排出的大量沼渣沼液如不加合理转化和利用，必将形成二次面源污染和资源浪费，对环境、粮食安全和人类健康产生极大威胁。因此，利用先进技术，对沼渣沼液进行深层次的加工，走产业化和商品化的路子，建立和谐、统一的生态、经济、社会循环体系是现代及未来沼渣沼液肥料必然的发展趋势。此外，与"五环（种、养、加、沼、肥）产业并举"和"互补型生态农业良性循环模式"相耦合是实现沼渣沼液肥料综合利用的具体模式和优先途径。

1.8　炭基复合肥料

1.8.1　炭基复合肥料定义

生物炭是由有机垃圾、动物粪便、作物秸秆、木屑等生物质材料加工而成的一种多孔碳。将生物炭与化肥混合而形成的肥料，称为炭基复合肥料。炭基复合肥的基础是生物质炭，而生物质炭是一种绿色环保的材料，它不仅能够改良土壤，还具有一定的吸附作用，减少养分的淋洗，更可以起到固碳的作用（高海英等，2013）。因此炭基复合肥料应用了增加土壤中炭基-有机质的特点，施入土壤后可改善土壤结构，平衡土壤中的盐分和水分迁移，并能够加快土壤熟化，为作物生长提供良好的土壤环境。

1.8.2 炭基复合肥料生产工艺

炭基复合肥料以生物质炭为基质，根据不同区域土壤类型特点、不同作物需肥特点，将生物质炭研碎后再混合添加有机或无机配料制备而成。现有的炭基复合肥料主要有掺混、吸附、包膜和混合造粒 4 种生产工艺（马欢欢等，2014）。根据生产中添加的有机无机配料，可将炭基复合肥料分为三种类型：一是以生物炭与有机质配比混合而制成的炭基有机肥料；二是以生物炭与无机质配比混合制成的炭基无机肥料；三是以生物炭与有机无机复合肥混合制成的炭基有机-无机复合肥料（张伟，2014）。

1.8.3 炭基复合肥料发展趋势

炭基复合肥是近十年来肥料行业出现的新型产品，随着传统农业对农田土壤造成的土壤结构破坏、土壤地力下降、土壤养分流失等一系列问题开始受到重视，许多农户也开始注重土壤碳的补给和土壤环境的改善。未来，炭基复合肥料的发展还应该重视以下几个方面（何绪生等，2011）：一是研发和改进炭基复合肥的生产工艺和设备；二是研发新型的生物炭基质和有机无机配料；三是加大宣传力度，强化炭基复合肥料在农田环境中的重要作用；四是制定和规范产品生产和质量检测标准。

1.9 土壤调理剂

土壤调理剂通过改善土壤结构和土壤黏性来达到减少水土流失、土壤结皮、养分流失和土壤侵蚀等方面的目的。土壤改良的作用主要侧重于以下几点：一是改善土壤酸碱度从而达到作物适宜生长环境；二是改善土壤物理性状以增强土壤保水、保土和保肥的能力；三是提高土壤中有益微生物和酶活性，抑制病原微生物，增强植物抗性的效果；四是降低镉（Cd）、铅（Pb）等重金属元素在重金属污染土壤中的迁移能力，抑制作物对重金属的吸收。

1.9.1　碱性土壤的调理剂及其制备办法与使用

该调理剂属于肥料消费技术领域,采用草炭、干松针、蛭石、自然沸石、腐殖土、腐熟农家肥、硫酸铝、硫酸锌和硫酸锰为原料制成,制备办法是取草炭、干松针、蛭石和自然沸石粉碎,再与其他上述原料混合,混拌均匀而成。调理剂可以蓬松碱性农田的土壤,改善碱性农田土壤的物理性状和化学性状,促进作物生长,提高肥料利用率,增加作物产量。

1.9.2　养分型果园酸化土壤调理剂及其制备办法与使用

该调理剂的原料组分为粉煤灰、炉渣、碳氮化钙、脲酶抑制剂、一般钙镁磷钾肥、氧化锌、精制膨润土。这种制备办法简略,适用于苹果、梨等果园的酸化土壤改进,可提高肥料利用效率;还可作载体,成为微生物调理剂或与无机物混合发酵成为含氮量高的无机肥料,增加土壤有益微生物的种群数量;可以显著提高果实产量,改善作物品质,增加抗病性。

1.9.3　煤矸石复合土壤调理剂及制作工艺

该调理剂的原料组分包括煤矸石、氢氧化钠、废旧聚氨基甲酸乙酯泡沫塑料、磷酸、氯化钾、尿素等。泡沫塑料硬化成颗粒,将泡沫塑料颗粒、煤矸石与氢氧化钠中和反应后的物料、氯化钾、尿素顺次添入搅拌机,搅拌吸附后制成的颗粒送入转炉烘干即制得,广泛用于砂姜黑土、砂质土、白浆土等的改进,具备改进和培肥地力的双重作用。

1.9.4　蘑菇造就基废料用作土壤调理剂

该调理剂由麦秸、马粪、鸡粪、大豆粕、草炭、石膏粉等各种原料混合制成的蘑菇造就料应用后构成的蘑菇造就基废料,经低温灭菌后间接用作调理剂或经低温灭菌,再经沉积天然发酵后用作土壤调理剂。该土壤改进剂,不仅能减少废料对环境的污染,而且还能使废料得到充分利用,使之成为促进作物成长,提高作物产量、品质的重要肥源。

1.9.5　土壤调理剂研究展望

多年来,国内外针对土壤调理剂进行了大量研究与实践,这为土壤调理剂研制、开发和应用提供了有益的借鉴,今后的研究应注重以下几方面。

1）土壤调理剂的研究过去主要集中在土壤板结或缺水，但是对土壤酸碱化的改良研究及土壤生物退化的改良研究比较少，因此这方面的研究亟待加强。

2）过去的研究较多关注天然土壤调理剂的筛选，或者改良土壤的物理、化学和生物性质的效果，因此目前可以从土壤的物理特性、化学特性、生物学特性等方面加强关注土壤调理剂的土壤改良机理方面的问题。

3）目前，土壤调理剂研究的热点之一是以工农业废弃物为原料，研制多功能的新型土壤调理剂，改良低产土壤。因此，废弃物中各种有毒、有害物质（如重金属、病原微生物）的有效控制非常值得关注。

4）近年来，不同调理剂配合施用引起较多的关注，如生物调理剂与工农业废弃物配合施用，无机、有机固体废弃物的配合施用等。因此，不同调理剂组配、配合施用方法、改良的效果及改良机理成为亟待加强的研究。

（本章作者：王婷、杨君林、赵欣楠、张旭临）

第 2 章　肥料主要原料及辅料

2.1　大量元素原料

2.1.1　尿素

分子式为 $CO(NH_2)_2$，相对分子质量为 60.1，学名为碳酰二胺，是由 C、N、O、H 四种元素组成的有机化合物，在自然界中广泛存在。工业上由氨和二氧化碳为原料在高温高压下直接合成，是生产缓控释氮肥和多种复合肥料的基本氮源。尿素纯品含 N 46.5%，呈白色或淡黄色颗粒，易溶于水，呈中性反应，溶解时稍吸热。熔点 132.7℃，密度 1.335g/cm³；液态尿素的相对密度为 1.227（132.7℃）。尿素的熔融热为 60kcal[①]/kg。在 20℃时临界相对湿度为 81.8%，因而在 20℃以下和相对湿度低于 70% 时，一般不吸湿。当温度超过 20℃、相对湿度高于 80% 时，吸湿性增强，应避免在盛夏潮湿气候下敞开存放（周健民和沈仁芳，2013）。尿素产品有两种剂型。结晶尿素呈白色针状或冷柱状晶型，吸湿性强。粒状尿素一般分两种，由造粒塔生产的称为小粒尿素，为粒径 1~2mm 的半透明粒子，外观光洁，吸湿性有明显改善。由成粒器（转盘、转鼓等）生产的尿素，粒径为 2~10mm，其中 2~4mm 的大颗粒尿素最适合用作散装掺和肥料的基础肥料（奚振邦等，2013）。我国是尿素生产的第一大国，也是农业尿素消费的第一大国，目前氮肥施用量已达到较高水平（刘孝弟等，2017）。尿素是一种稳定、无毒的固体物料，对人和环境均无害，可以散装运输并长期储存（汪家铭，2013）。

农业用（肥料）尿素外观要求：颗粒状或结晶，无机械杂质。应符合表 2-1 要求，同时应符合标明值。

2.1.2　氯化铵

分子式为 NH_4Cl，相对分子质量为 53.49，简称氯铵，盐酸的铵盐，多为制碱工业的副产品。含氮 24%~26%，呈白色或略带黄色的方形或八面体小结晶，有粉状和粒状两种剂型，粒状氯化铵不易吸湿，易储存，而粉状氯化铵较多用作生产复肥的基础肥料（周健民和沈仁芳，2013）。

---

① 1cal=4.184J。

表 2-1　农业用（肥料）尿素的要求（GB/T 2440—2017）　　　　　　（%）

项目 [a]		等级	
		优等品	合格品
总氮（N）的质量分数	≥	46.0	45.0
缩二脲的质量分数	≤	0.9	1.5
水分 [b]	≤	0.5	1.0
亚甲基二脲（以 HCHO 计）[c] 的质量分数	≤	0.6	0.6
粒度 [d]	d 0.85mm～2.80mm	≥		
	d 1.18mm～3.35mm	≥	93	90
	d 2.00mm～4.75mm	≥		
	d 4.00mm～8.00mm	≥		

注：[a] 含有尚无国家或行业标准的添加物的产品应进行陆生植物生长试验，方法见 HG/T 4365—2012 的附录 A 和附录 B。
　　[b] 水分以生产企业出厂检验数据为准。
　　[c] 若尿素生产工艺中不加甲醛，不测亚甲基二脲。
　　[d] 只需符合四档中任意一档即可，包装标识中应标明粒径范围。农业用（肥料）尿素若用作掺混肥料（BB）生产原料，可根据供需协议选择标注 SGN 和 UI，计算方法参见附录 A。

农业用氯化铵外观要求：白色结晶或颗粒状产品。应符合表 2-2 的要求，同时应符合标明值。

表 2-2　农业用氯化铵的要求（GB/T 2946—2018）

项目		优等品	一等品	合格品
氮（N）的质量分数（以干基计）[a]/%	≥	25.4	24.5	23.5
水的质量分数 [a]/%	≤	0.5	1.0	8.5
钠盐的质量分数 [b]（以 Na 计）/%	≤	0.8	1.2	1.6
粒度 [c]（2.00mm～4.75mm）/%	≥	90	80	—
颗粒平均抗压碎力 [c]/N	≥	10	10	—
砷及其化合物的质量分数（以 As 计）/%	≤		0.0050	
镉及其化合物的质量分数（以 Cd 计）/%	≤		0.0010	
铅及其化合物的质量分数（以 Pb 计）/%	≤		0.0200	
铬及其化合物的质量分数（以 Cr 计）/%	≤		0.0500	
汞及其化合物的质量分数（以 Hg 计）/%	≤		0.0005	

注：[a] 水的质量分数仅在生产企业检验和生产领域质量抽查检验时进行判定。
　　[b] 钠盐的质量分数以干基计。
　　[c] 结晶状产品无粒度和颗粒平均抗压碎力要求。

2.1.3　硫酸铵

分子式为 $(NH_4)_2SO_4$，相对分子质量为 132.1，简称硫铵，俗称肥田粉，是我国使用和生产最早的一个氮肥品种，氨与硫酸中和反应的产物。硫酸铵是最早生产和施用的化学氮肥品种，属生理酸性肥料，通常将它当作标准氮肥，含 N 20%～

21%，含 S 23 %。纯品为无色斜方晶体，工业品因含有杂质而为白色至淡黄色结晶体。物理性质稳定，分解温度高（≥280℃），不易吸湿，临界吸湿点在相对湿度 81%（20℃），易溶于水，0℃时达 70g/100g 水，肥效迅速而稳定（奚振邦等，2013）。与碱类作用可以释放出氨气,避免与碱性肥料或碱性物质接触或共同储存。应储存于阴凉、通风处（周健民和沈仁芳，2013）。

硫酸铵质量应符合表 2-3 要求。

表 2-3　硫酸铵质量的要求（GB 535—1995）　　　　（%）

项目		指标		
		优等品	一等品	合格品
外观		白色结晶，无可见机械杂质	无可见机械杂质	
氮（N）含量（以干基计）	≥	21.0	21.0	20.5
水分（H₂O）	≤	0.2	0.3	1.0
游离酸（H₂SO₄）含量	≤	0.03	0.05	0.20
铁（Fe）含量ᵃ	≤	0.007	—	—
砷（As）含量ᵃ	≤	0.000 05	—	—
重金属（以 Pb 计）含量ᵃ	≤	0.005	—	—
水不溶物含量ᵃ	≤	0.01	—	—

注：ᵃ硫酸铵作农业用时可不检验铁、砷、重金属和水不溶物含量等指标。

2.1.4　钙镁磷肥

亦称为熔融钙镁磷肥。一种含有钙、镁、硅的热法磷肥，是以含磷为主，同时含有钙、镁、硅等成分的多元肥料。属枸溶性磷肥（亦称为柠檬酸溶性磷肥、弱酸溶性磷肥。养分标明量主要属弱酸溶性磷的磷肥。主要品种有沉淀磷肥、钢渣磷肥、钙镁磷肥等），含 P_2O_5 14%～25%，其中水溶性磷少于 5%，另外含有 10%～12% 的 MgO。钙镁磷肥不溶于水、无毒、无腐蚀性、不吸湿、不结块，为化学碱性肥料。

要求外观呈灰粉色，无机械杂质。钙镁磷肥应符合表 2-4 要求，同时应符合标明值。

表 2-4　钙镁磷肥要求（GB 20412—2006）

项目		指标		
		优等品	一等品	合格品
有效五氧化二磷（P₂O₅）的质量分数/%	≥	18.0	15.0	12.0
水分（H₂O）的质量分数/%	≤	0.5	0.5	0.5
碱分（以 CaO 计）的质量分数/%	≥	45.0		
可溶性硅（SiO₂）的质量分数/%	≥	20.0	—	
有效镁（MgO）的质量分数/%	≥	12.0		
细度（通过 0.25mm 试验筛）/%	≥	80		

注：优等品中碱分、可溶性硅和有效镁含量如用户没有要求，生产厂可不作检验。

2.1.5 磷酸一铵

分子式为 $NH_4H_2PO_4$，相对分子质量为 115。俗称安福粉。为四方晶型的白色晶体，在空气中稳定，可溶于水，微溶于乙醇，水溶液呈酸性。含 N 11%～12%，P_2O_5 52%～56%。在土壤中呈酸性，适宜于碱性土壤，不宜与碱性肥料混合使用（周健民和沈仁芳，2013）。在农业上是高纯度的氮磷二元复合肥料，更是一种速溶性的高效复合滴灌肥料和制备水溶性肥料的主要原料（庞士花，2016）。磷酸一铵、磷酸二铵是我国高浓度磷复肥的主导品种（封朝晖等，2007）。

传统法粒状磷酸一铵应符合表 2-5 的要求，同时应符合标明值。

表 2-5　传统法粒状磷酸一铵的要求（GB 10205—2009）

项目		优等品 12-52-0	一等品 11-49-0	合格品 10-46-0
外观		颗粒状，无机械杂质		
总养分（$N+P_2O_5$）的质量分数/%	≥	64.0	60.0	56.0
总氮（N）的质量分数/%	≥	11.0	10.0	9.0
有效磷（P_2O_5）的质量分数/%	≥	51.0	48.0	45.0
水溶性磷占有效磷百分率/%	≥	87	80	75
水分（H_2O）的质量分数[a]/%	≤	2.5	2.5	3.0
粒度（1.00mm～4.00mm）/%	≥	90	80	80

注：[a] 水分为推荐性要求。

料浆法粒状磷酸一铵应符合表 2-6 的要求，同时应符合标明值。

表 2-6　料浆法粒状磷酸一铵的要求（GB 10205—2009）

项目		优等品 11-47-0	一等品 11-44-0	合格品 10-42-0
外观		颗粒状，无机械杂质		
总养分（$N+P_2O_5$）的质量分数/%	≥	58.0	55.0	52.0
总氮（N）的质量分数/%	≥	10.0	10.0	9.0
有效磷（P_2O_5）的质量分数/%	≥	46.0	43.0	41.0
水溶性磷占有效磷百分率/%	≥	80	75	70
水分（H_2O）的质量分数[a]/%	≤	2.5	2.5	3.0
粒度（1.00mm～4.00mm）/%	≥	90	80	80

注：[a] 水分为推荐性要求。

粉状磷酸一铵应符合表 2-7 的要求，同时应符合标明值。

表 2-7　粉状磷酸一铵的要求（GB 10205—2009）

项目		传统法		料浆法		
		优等品 9-49-0	一等品 8-47-0	优等品 11-47-0	一等品 11-44-0	合格品 10-42-0
外观		粉末状，无明显结块现象，无机械杂质				
总养分（$N+P_2O_5$）的质量分数/%	≥	58.0	55.0	58.0	55.0	52.0
总氮（N）的质量分数/%	≥	8.0	7.0	10.0	10.0	9.0
有效磷（P_2O_5）的质量分数/%	≥	48.0	46.0	46.0	43.0	41.0
水溶性磷占有效磷百分率/%	≥	80	75	80	75	70
水分（H_2O）的质量分数 [a]/%	≤	3.0	4.0	3.0	4.0	5.0

注：[a] 水分为推荐性要求。

2.1.6　磷酸二铵

分子式为$(NH_4)_2HPO_4$，相对分子质量为 132.1。标准产品含 N 18%，P_2O_5 48%，结晶形状为平斜棱晶。其饱和溶液为碱性，施在酸性土壤上可以减少铁、铝对磷的固定，使磷保持较高的有效性，提倡用在酸性土壤上（周健民和沈仁芳，2013）。磷酸二铵是一种低氮、高磷的二元高浓度复合肥，总养分达到了 64% 的高浓度。在养分供应上具有低氮、高磷、无钾的特点，施在缺磷土壤上效果特别好（曹一平，2012）。

传统法粒状磷酸二铵应符合表 2-8 的要求，同时应符合标明值。

表 2-8　传统法粒状磷酸二铵的要求（GB 10205—2009）

项目		优等品 18-46-0	一等品 15-42-0	合格品 14-39-0
外观		颗粒状，无机械杂质		
总养分（$N+P_2O_5$）的质量分数/%	≥	64.0	57.0	53.0
总氮（N）的质量分数/%	≥	17.0	14.0	13.0
有效磷（P_2O_5）的质量分数/%	≥	45.0	41.0	38.0
水溶性磷占有效磷百分率/%	≥	87	80	75
水分（H_2O）的质量分数 [a]/%	≤	2.5	2.5	3.0
粒度（1.00mm～4.00mm）/%	≥	90	80	80

注：[a] 水分为推荐性要求。

料浆法粒状磷酸二铵应符合表 2-9 的要求，同时应符合标明值。

表 2-9　料浆法粒状磷酸二铵的要求（GB 10205—2009）

项目		优等品 16-44-0	一等品 15-42-0	合格品 14-39-0
外观			颗粒状，无机械杂质	
总养分（N+P$_2$O$_5$）的质量分数/%	≥	60.0	57.0	53.0
总氮（N）的质量分数/%	≥	15.0	14.0	13.0
有效磷（P$_2$O$_5$）的质量分数/%	≥	43.0	41.0	38.0
水溶性磷占有效磷百分率/%	≥	80	75	70
水分（H$_2$O）的质量分数 [a]/%	≤	2.5	2.5	3.0
粒度（1.00mm～4.00mm）/%	≥	90	80	80

注：[a] 水分为推荐性要求。

2.1.7　磷酸脲

　　磷酸脲是由磷酸和尿素等量反应得到的一种具有氨基结构的配位化合物，化学式为 CO(NH$_2$)$_2$·H$_3$PO$_4$，相对分子质量为 158.07，熔程 115～117℃。是一种广泛应用于农业、畜牧业、工业等领域的精细化工产品，主要应用于农业高效氮磷复合肥、畜牧业饲料添加剂（杨豹嶂和雷云，2017）。磷酸脲是高浓度的氮磷复合肥，具有"高浓度、速溶、全溶"的特点，常作为新型高浓度复合肥料，与膜下滴灌技术配套使用，可有效减少氮、磷损失（张莉等，2016）。目前，制取磷酸脲的方法主要有二次结晶法、由尿素和聚磷酸制取法、美国 TVA（Tennessee Valley Authority）法及尿素和稀磷酸制取法 4 种方法。中国磷酸脲的生产多以热法磷酸合成为主，但热法酸能耗高，导致生产成本过高，从而限制了中国磷酸脲的生产和应用。近年来随着湿法磷酸净化和浓缩技术的提高，不少厂家逐步转向以湿法磷酸为原料来生产磷酸脲产品，即通过净化（溶剂萃取或化学沉淀）对湿法磷酸进行处理，再制取磷酸脲。该方法显著降低了生产成本，提高了产品的市场竞争力（李纪伟等，2015；胡秀英等，2012；吴春燕等，2010）。

　　外观：白色晶体或无色晶体。应符合表 2-10 的技术要求。

表 2-10　农用磷酸脲的技术要求（Q/CQS 01—2018）

项目		指标		
		优等品 17-44-0	一级品 17-44-0	二级品 16.5-43.5-0
总养分（N+P$_2$O$_5$）/%	≥	61.5	61.0	60.5
五氧化二磷（P$_2$O$_5$）的质量分数/%	≥	43.0	43.0	42.5
总氮（N）的质量分数/%	≥	16.0	16.0	15.5
水不溶物的质量分数/%	≤	0.5	0.5	1.0
干燥减量的质量分数/%	≤	0.5	0.5	0.5

续表

项目		指标		
		优等品 17-44-0	一级品 17-44-0	二级品 16.5-43.5-0
pH（10g/L 水溶液）		1.6～2.4	1.6～2.4	1.6～2.4
砷的质量分数/%	≤	0.0010	0.0020	0.0020
镉的质量分数/%	≤	0.0010	0.0020	0.0020
铅的质量分数/%	≤	0.0050	0.0050	0.0050
铬的质量分数/%	≤	0.0050	0.0050	0.0050
汞的质量分数/%	≤	0.0050	0.0050	0.0050
缩二脲的质量分数/%	≤	0.5	0.5	0.5

2.1.8　磷酸二氢钾

分子式为 KH_2PO_4，相对分子质量为 136.1，又称为磷酸一钾、酸性磷酸钾。一种含高组分植物营养素的水溶性无氯磷钾复合肥。含 P_2O_5 51.7%、K_2O 34.6%。为无色四方晶体或白色结晶性粉末。其化学性质稳定，易溶于水，不溶于乙醇，吸湿性小、不结块，有潮解性，是目前盐指数最低的化学肥料。是制造偏磷酸钾的原料，也可用于其他磷钾盐的生产，农业上用作高效磷钾复合肥（周健民和沈仁芳，2013）。磷酸二氢钾理化性质稳定，属一致性溶解肥料，对土壤适应性强，可广泛应用在不同农作物上（王东头等，2017），是非常理想的磷钾复合肥料（汪朝强等，2017）。目前，国内外磷酸二氢钾的生产方法很多，主要有中和法、萃取法、复分解法、离子交换法、直接法、电解法、结晶法和 P.K.F.（普钙、钾盐、氟硅酸）法等。随着常用肥料如尿素、磷酸一铵和磷酸二铵等产能过剩加剧，国家推行"减量增效"、"水肥一体化"的化肥施用政策，水溶性肥料磷酸二氢钾将得到较好的发展（吴宇川等，2017）。

肥料级磷酸二氢钾外观要求：白色、微黄色结晶或粉末，无机械杂质。应同时符合表 2-11 和标明值的要求。

表 2-11　肥料级磷酸二氢钾的要求（HG/T 2321—2016）

项目		等级		
		优等品	一等品	合格品
磷酸二氢钾（KH_2PO_4）的质量分数/%	≥	98.0	96.0	94.0
水溶性五氧化二磷（P_2O_5）的质量分数/%	≥	51.0	50.0	49.0
氧化钾（K_2O）的质量分数/%	≥	33.8	33.2	30.5
水分/%	≤	0.5	1.0	1.5
氯化物（Cl）的质量分数/%	≤	1.0	1.5	3.0

续表

项目		等级		
		优等品	一等品	合格品
水不溶物的质量分数/%	≤		0.3	
pH 值			4.3～4.9	
砷及其化合物的质量分数（以 As 计）/%	≤		0.0050	
镉及其化合物的质量分数（以 Cd 计）/%	≤		0.0010	
铅及其化合物的质量分数（以 Pb 计）/%	≤		0.0200	
铬及其化合物的质量分数（以 Cr 计）/%	≤		0.0500	
汞及其化合物的质量分数（以 Hg 计）/%	≤		0.0005	

2.1.9 硝酸钾

分子式为 KNO_3，相对分子质量为 101.1，含 N 13.8%、K_2O 46.6%，相对密度为 2.109，熔点为 334℃，自然界中单体存在的形式少见，常与钠硝石、泻利盐、钙硝石和石膏共生。俗称火硝或土硝。为无色透明斜方晶体或菱形晶体或白色粉末，它有两种晶型，在 25℃时生成无水硝酸钾的斜方形结晶，高于 127.7℃时转变为菱面体结晶。无臭、无毒，有咸味和清凉感。在空气中吸湿微小，不易结块。易溶于水，溶解度随温度升高而迅速增大。能溶于液氨和甘油，不溶于无水乙醇和乙醚。硝酸钾是强氧化剂，与有机物接触能引起燃烧和爆炸，应储于阴凉干燥处，远离火种、热源。避免产生粉尘。切忌与还原剂、酸类、易燃物、金属粉末共储混运。搬运时要轻装轻卸，防止包装及容器损坏（周健民和沈仁芳，2013）。硝酸钾是忌氯作物的首选复合肥料，可明显提高经济作物的产量和品质（王恒磊等，2017）。

农业用硝酸钾外观要求：白色或浅色的结晶或颗粒，无肉眼可见（机械）杂质。应符合表 2-12 要求，同时应符合标明值。

表 2-12　农业用硝酸钾的要求（GB/T 20784—2018）　　　　（%）

项目		等级		
		优等品	一等品	合格品
氧化钾（K_2O）的质量分数/%	≥	46.0	44.5	44.0
总氮（N）的质量分数/%	≥	13.5	13.5	13.0
氯离子（Cl⁻）的质量分数/%	≤	0.2	1.2	1.5
水分（H_2O）的质量分数/%	≤	0.5	1.0	1.5
水不溶物的质量分数/%	≤	0.10	0.20	0.30
粒度 [a] d/% 1.00mm～4.75mm	≥		90	
粒度 [a] d/% 1.00mm 以下	≤		3	
砷及其化合物的质量分数（以 As 计）/%	≤		0.0050	

续表

项目		等级		
		优等品	一等品	合格品
铬及其化合物的质量分数（以 Cr 计）/%	≤		0.0010	
铅及其化合物的质量分数（以 Pb 计）/%	≤		0.0200	
镉及其化合物的质量分数（以 Cd 计）/%	≤		0.0500	
汞及其化合物的质量分数（以 Hg 计）/%	≤		0.0005	

注：a 结晶状产品的粒度不做规定。粒状产品的粒度，也可执行供需双方合同约定的指标。

2.1.10　硫酸钾

分子式为 K_2SO_4，相对分子质量为 174.24。是一种重要的含 S、K 元素的无氯钾肥。一般 K_2O 含量为 50%～52%，S 含量约为 18%。为无色或白色六方形或斜方晶系结晶或颗粒状粉末，具有苦咸味，农用硫酸钾外观多呈淡黄色。易溶于水，不溶于乙醇。硫酸钾的物理性状良好，吸湿性小，不易结块，施用方便，是很好的水溶性钾肥，是制造各种钾盐的基本原料，属化学中性、生理酸性肥料（周健民和沈仁芳，2013）。硫酸钾基本上可以和现有的所有肥料互相混合使用，较容易制成复合肥料。世界上硫酸钾的生产方法大致可划分为三大类：第一类是利用硫酸或硫酸盐与氯化钾转化制取硫酸钾；第二类是利用硫酸盐矿或多组分的钾盐矿制取硫酸钾；第三类是利用盐湖卤水及地下卤水制取硫酸钾（华宗伟等，2015）。

农业用硫酸钾外观要求：粉末结晶或颗粒，无机械杂质。产品应符合表 2-13 要求，同时应符合标明值。

表 2-13　农业用硫酸钾的要求（GB/T 20406—2017）

项目		粉末结晶状			颗粒状	
		优等品	一等品	合格品	优等品	合格品
水溶性氧化钾（K_2O）的质量分数/%	≥	52	50	45	50	45
硫（S）的质量分数/%	≥	17.0	16.0	15.0	16.0	15.0
氯离子（Cl^-）的质量分数/%	≤	1.5	2.0	2.0	1.5	2.0
水分 a（H_2O）的质量分数/%	≤	1.0	1.5	2.0	1.5	2.5
游离酸（以 H_2SO_4 计）的质量分数/%	≤	1.0	1.5	2.0	2.0	2.0
粒度 b（粒径 1.00mm～4.75mm 或 3.35mm～5.60mm）/%	≥	—	—	—	90	90

注：a 水分以生产企业出厂检验数据为准。
　　b 对粒径有特殊要求的，按供需双方协议确定。

2.1.11　氯化钾

化学式为 KCl，相对分子质量为 74.6。一般呈白色或浅黄色或砖红色结晶，外观如同食盐，无臭、味咸。易溶于水、醚、甘油及碱类，微溶于乙醇，但不溶于无水乙醇，有吸湿性，易结块；在水中的溶解度随温度的升高而迅速增加，与钠盐常起复分解反应而生成新的钾盐。物理性状良好，吸湿性小，溶于水，化学中性反应。氯化钾是一种高浓度的生理酸性速效钾肥，K_2O 含量为 40%～60%；是钾肥的最主要品种，占钾肥生产和使用量的 90%左右；是制造各种钾肥的基本原料（周健民和沈仁芳，2013）。氯化钾不仅直接用作钾肥或作为掺和肥料的基础肥料，而且是生产硫酸钾、硝酸钾或磷酸钾等无氯钾肥的基本钾源。颗粒状（0.8～4.7mm）或粗粒级（0.6～2.3mm）氯化钾主要用于散装掺和肥料（奚振邦等，2013）。

农业用氯化钾产品应符合表 2-14 技术要求。

表 2-14 农业用氯化钾的技术要求（GB 6549—2011）

项目		指标		
		优等品	一等品	合格品
氧化钾（K_2O）的质量分数 [a]/%	≥	60.0	57.0	55.0
水分（H_2O）的质量分数/%	≤	2.0	4.0	6.0

注：[a] 除水分外，各组分质量分数均以干基计。

2.1.12 硫酸脲

硫酸脲常温下呈固态，晶体呈六棱柱状，化学稳定性较好，具有较强的吸湿性，溶于水后显酸性。尿素与硫酸构成的硫酸脲主要有两种分子比，1:1 或者 2:1，即 $CO(NH_2)_2 \cdot H_2SO_4$ 或者 $[CO(NH_2)_2]_2 \cdot H_2SO_4$。液体硫酸脲是一种含硫氮肥产品，施用于碱性土壤有显著效果，随着水肥一体化技术的发展，可作为全溶性肥料使用（王光龙等，2006）。硫酸脲复合肥生产过程是将尿素、硫酸按一定比例进行反应，生成硫酸脲溶液，该溶液为高黏、无色、透明溶液，性质稳定；然后将硫酸脲溶液雾化喷洒到造粒机料床表面，利用溶液的高黏性使其与造粒机内的其他氮、磷、钾基础原料黏结成粒，经干燥、筛分、冷却、包裹、包装等正常生产工序，最终形成复合肥产品（齐国雨，2015）。

硫酸脲目前无农用标准。

2.2 中量元素原料

2.2.1 硅肥

硅肥是品质肥料，既可作肥料提供养分，又可作土壤调理剂改良土壤。硅肥在水稻上的增产效果尤其明显。农业用硅肥的要求应符合表 2-15 的规定。

表 2-15 硅肥的要求（NY/T 797—2004）

项目	合格品指标
有效硅（以 SiO$_2$ 计）含量/%	≥20.0
水分含量/%	≤3.0
细度（通过 250μm 标准筛）/%	≥80

注：硅肥还应符合国家标准"GB/T 肥料中砷、镉、铅、铬、汞限量"。

硅钙钾镁肥既可补充大量元素钾，又可补充中量元素硅、钙、镁，同时又可以调节土壤酸度，具有改良土壤的作用。农业用硅钙钾镁肥应符合表 2-16 的要求，同时应符合标明值。外观要求为粉状或颗粒状，无结块、无机械杂质。

表 2-16 硅钙钾镁肥的要求（GB/T 36207—2018）

项目		指标	
		I 型	II 型
硅（以 Si 计）的质量分数/%	≥	9.0	6.0
钙（以 Ca 计）的质量分数/%	≥	20.0	14.0
钾（以 K$_2$O 计）的质量分数/%	≥	3.0	3.0
镁（以 Mg 计）的质量分数/%	≥	2.0	2.0
水分（H$_2$O）的质量分数 [a]/%	≤	5.0	10.0
pH		8.0~11.0	
粒度（0.20mm~2.50mm 或 1.00mm~4.75mm）[b]/%	≥	90	
砷及其化合物的质量分数（以 As 计）/%	≤	0.0050	
镉及其化合物的质量分数（以 Cd 计）/%	≤	0.0010	
铅及其化合物的质量分数（以 Pb 计）/%	≤	0.0200	
铬及其化合物的质量分数（以 Cr 计）/%	≤	0.0500	
汞及其化合物的质量分数（以 Hg 计）/%	≤	0.0005	

注：[a] 水分的质量分数仅在生产企业检验和生产领域质量抽查检验时进行判定。
[b] 粉状产品粒度不作要求。

2.2.2 硫肥

主要有元素硫（硫黄），还有石膏、硫铵、硫酸钾、过磷酸钙及多硫化铵和硫黄包膜尿素等含硫肥料，硫肥多作基肥用（周健民和沈仁芳，2013）。施用含硫肥料是补充土壤硫的最重要手段。除少数情况下，将单体硫（如菱形硫或片状硫）直接用作肥料外，硫大都作为普通肥料的副成分或添加物一起施用。含硫肥料的品种很多，通常以硫元素态或硫酸盐态存在于肥料中。含硫肥料有的是氮磷钾化肥的副成分，有的通过在生产工艺中加硫或硫酸盐生产（奚振邦等，2013）。

农业用硫酸铵质量要求（GB 535—1995）见表 2-3，农业用硫酸钾技术要求（GB/T 20406—2017）见表 2-13。

2.2.3 钙肥

钙肥的主要品种有石灰（包括生石灰、熟石灰和石灰石粉）、石膏及一些含钙物质（如钙镁磷肥、过磷酸钙等）和某些含钙氮肥（如硝酸钙、石灰氮等），某些工业废渣，如制糖滤泥、高炉炉渣、碱性炉渣等也可在一定条件下作钙肥用（周健民和沈仁芳，2013）。施用钙肥除补充钙养分外，还可借助含钙物质调节土壤酸度和改善土壤物理性状（奚振邦等，2013）。钙肥施用后，由于土壤酸度的改变，土壤胶体上 Ca^{2+} 和有益微生物区系增加，能提高土壤中速效养分供应量，有利于土壤水稳性团粒结构的形成（奚振邦等，2013）。

农业用硝酸钙外观要求：无色透明结晶或粉末。产品应符合表 2-17 的要求，并应符合产品包装容器和质量证明书上的标明值。砷、镉、铅、铬、汞应符合 GB/T 23349—2009 的要求。

表 2-17 农业用硝酸钙的要求（HG/T 4580—2013）

项目		指标	
		一等品	合格品
硝态氮（以氮计）的质量分数/%	≥	11.5	11.0
水溶性钙的质量分数/%	≥	16.0	
水不溶物的质量分数/%	≤	0.5	
氯离子的质量分数/%	≤	0.015	
游离水的质量分数/%	≤	4.0	
pH 值（50g/L 水溶液）		5.0～7.0	

农业用硝酸铵钙要求外观白色或灰白色、均匀颗粒状固体。产品技术指标应符合表 2-18 要求。农业用硝酸铵钙中汞、砷、镉、铅、铬限量指标应符合 NY 1110—2010 的要求，抗爆试验应符合 WJ 9050—2006 的要求，毒性试验应符合 NY/T 1980—2018 的要求。

表 2-18 农业用硝酸铵钙技术指标（NY 2269—2012）

项目	指标
总氮（N）含量/%	≥15.0
硝态氮（N）含量/%	≥14.0
钙（Ca）含量/%	≥18.0
pH（1∶250 倍稀释）	5.5～8.5
水不溶物含量/%	≤0.5
水分含量（H_2O）/%	≤3.0
粒度（1.00mm～4.75mm）/%	≥90

过磷酸钙：用硫酸分解磷矿粉 $Ca_5(PO_4)_3F$ 制得的一种酸法磷肥。主要成分为磷酸二氢钙 $Ca(H_2PO_4)_2 \cdot H_2O$、硫酸钙和少量游离酸。含有效磷 P_2O_5 16%～22%，其中

80%～95%溶于水。可用作中低浓度复合肥料的磷源（周健民和沈仁芳，2013）。

农业用过磷酸钙分为疏松状和粒状两种过磷酸钙产品。

疏松状过磷酸钙外观：疏松状物，无机械杂质。应符合表 2-19 要求，同时应符合标明值。挥发性有机化合物不得检出（在标准推荐的条件下测定值不大于该挥发性有机化合物的检出限）。砷、镉、铅、铬、汞应符合 GB/T 23349—2009 的要求。产品中加入添加物的，应提供该添加物对环境和农作物生长无害的县级以上农业部门证明。

表 2-19　疏松状过磷酸钙技术指标（GB/T 20413—2017）

项目		优等品	一等品	合格品	
				I	II
有效磷（以 P_2O_5 计）的质量分数/%	≥	18.0	16.0	14.0	12.0
水溶性磷（以 P_2O_5 计）的质量分数/%	≥	13.0	11.0	9.0	7.0
硫（以 S 计）的质量分数/%	≥	8.0			
游离酸（以 P_2O_5 计）的质量分数/%	≤	5.5			
游离水的质量分数/%	≤	12.0	14.0	15.0	15.0
三氯乙醛的质量分数/%	≤	0.0005			

粒状过磷酸钙外观：颗粒状，无机械杂质。应符合表 2-20 要求，同时应符合标明值。挥发性有机化合物不得检出（在标准推荐的条件下测定值不大于该挥发性有机化合物的检出限）。砷、镉、铅、铬、汞应符合 GB/T 23349—2009 的要求。产品中加入添加物的，应提供该添加物对环境和农作物生长无害的县级以上农业部门证明。

表 2-20　粒状过磷酸钙技术指标（GB/T 20413—2017）

项目		优等品	一等品	合格品	
				I	II
有效磷（以 P_2O_5 计）的质量分数/%	≥	18.0	16.0	14.0	12.0
水溶性磷（以 P_2O_5 计）的质量分数/%	≥	13.0	11.0	9.0	7.0
硫（以 S 计）的质量分数/%	≥	8.0			
游离酸（以 P_2O_5 计）的质量分数/%	≤	5.5			
游离水的质量分数/%	≤	10.0			
三氯乙醛的质量分数/%	≤	0.0005			
粒度（1.00mm～4.75mm 或 3.35mm～5.60mm）的质量分数/%	≥	80			

农业用硅钙钾镁肥的要求（GB/T 36207—2018）见表 2-16。

2.2.4　镁肥

镁肥分为水溶性镁肥和微溶性镁肥，前者包括硫酸镁、氯化镁、钾镁肥，后者主要有磷酸镁铵、钙镁磷肥、白云石和菱镁矿。通常，酸性土壤、沼泽土和砂质土壤含镁量较低，施用镁肥效果较明显（周健民和沈仁芳，2013）。与钙质肥料一样，含镁肥料的施用并不普遍和经常，故目前以补充作物镁营养为目的的镁肥品种较少。通常用作镁肥的是一些镁盐粗制品、含镁矿物、工业副产品或由大量元素肥料带入的副成分，最常用的有水溶性的硫酸镁、钾镁肥，难溶的菱镁矿、白云石粉等（奚振邦等，2013）。

农业用硫酸镁分为一水硫酸镁（粉状）、一水硫酸镁（粒状）和七水硫酸镁 3 种类别，见表 2-21。

表 2-21　农业用硫酸镁的类别（GB/T 26568—2011）

类别	分子式	相对分子质量 [a]
一水硫酸镁（粉状） 一水硫酸镁（粒状）	$MgSO_4 \cdot H_2O$	138.38
七水硫酸镁	$MgSO_4 \cdot 7H_2O$	246.47

注：[a] 按 2007 年国际相对原子质量。

理化性能：应符合表 2-22 要求。肥料中砷、镉、铅、铬、汞生态指标按 GB/T 23349—2009 的规定执行。如果使用硫酸为原料，应符合 GB/T 534—2014 的要求。

表 2-22　农业用硫酸镁的理化性能要求（GB/T 26568—2011）

项目		一水硫酸镁（粉状）	一水硫酸镁（粒状）	七水硫酸镁
水溶镁（以 Mg 计）的质量分数/%	≥	15.0	13.5	9.5
水溶硫（以 S 计）的质量分数/%	≥	19.5	17.5	12.5
氯离子（以 Cl⁻计）的质量分数/%	≤	2.5	2.5	2.5
游离水的质量分数 [a]/%	≤	5.0	5.0	6.0
水不溶物的质量分数/%	≤	—	—	0.5
粒度（2.00mm～4.00mm）/%	≥	—	70	—
pH 值		5.0～9.0	5.0～9.0	5.0～9.0
外观		白色、灰色或黄色粉末，无结块	白色、灰色或黄色颗粒，无结块	无色或白色结晶，无结块

注：指标中的"—"表示该类别产品的技术要求中此项不做要求。
　　[a] 游离水的质量分数以出厂检验为准。

硫酸钾镁肥：从盐湖卤水或固体钾镁盐矿中仅经物理方法提取或直接除去杂质制成的一种含镁、硫等中量元素的化合态钾肥，分子式为 $K_2SO_4 \cdot (MgSO_4)_m \cdot nH_2O$，其中 $m=1\sim2$；$n=0\sim6$。外观：粉状结晶或颗粒状产品，无机械杂质。应符合表 2-23 要求，同时应符合标明值。

表 2-23　硫酸钾镁肥的要求（GB/T 20937—2018）

项目		优等品	一等品	合格品
氧化钾（K$_2$O）的质量分数/%	≥	30.0	24.0	21.0
镁（Mg）的质量分数/%	≥	7.0	6.0	5.0
硫（S）的质量分数/%	≥	18.0	16.0	14.0
氯离子（Cl$^-$）的质量分数/%	≤	2.0	2.5	3.0
钠离子（Na$^+$）的质量分数/%	≤	0.5	1.0	1.5
游离水（H$_2$O）的质量分数 [a]/%	≤	1.0	1.5	1.5
水不溶物的质量分数/%	≤	1.0	1.0	1.5
pH			7.0~9.0	
粒度（1.00mm~4.75mm）[b]/%	≥		90	

注：[a] 游离水（H$_2$O）的质量分数仅在生产企业检验和生产领域质量抽查检验时进行判定。
　　[b] 粉状产品粒度不做要求。粒状产品的粒度也可按供需双方合同约定执行。

硼镁肥料：由硼镁矿石经化学方法直接制成和（或）由硼酸、硼砂、硫酸镁、氧化镁等掺混制成的含硼、镁等中微量元素的产品。

外观：粉状或颗粒状产品，无结块、无机械杂质。应符合表 2-24 要求，同时应符合标明值。肥料中重金属砷、镉、铅、铬、汞含量应符合 GB/T 23349—2009 的要求。

表 2-24　硼镁肥料技术指标（GB/T 34319—2017）

项目		指标		
		高浓度	中浓度	低浓度
硼（以 B 计）的质量分数/%	≥	4.0	2.0	0.3
镁（以 Mg 计）的质量分数/%	≥	12.0	10.0	6.0
pH 值（1∶250 倍稀释）			5.0~10.0	
游离水的质量分数/%	≤		5.0	
粒度（2.0mm~4.0mm）的质量分数/%	≥		70	

注：粉状产品不做粒度要求。

农业用硅钙钾镁肥的要求（GB/T 36207—2018）见表 2-16。

2.3　微量元素原料

2.3.1　硫酸锌

硫酸锌是最常用的锌肥。根据所含的结晶水数目，有七水硫酸锌和一水硫酸锌之分。七水硫酸锌又称为锌矾、皓矾，分子式为 ZnSO$_4$·7H$_2$O，相对分子质量为 287.6，含 Zn 20%~21%。外观为白色颗粒或粉末，属斜方晶系，有收敛性，是常用的收敛剂，在干空气中会风化。能溶于水，微溶于乙醇和甘油，需要密闭保存。

农业上用作微量元素肥料。一水硫酸锌分子式为 $ZnSO_4 \cdot H_2O$，相对分子质量为179.5，含 Zn 35%。外观为白色粉末结晶，溶于水，微溶于醇。在空气中极易潮解，用作其他锌盐的生产原料（周健民和沈仁芳，2013）。

农业用硫酸锌外观：白色或微带黄色的粉末或结晶。农业用硫酸锌应符合表 2-25 要求。

表 2-25　农业用硫酸锌技术指标（HG 3277—2000）　　　　（%）

指标名称		指标					
		$ZnSO_4 \cdot H_2O$			$ZnSO_4 \cdot 7H_2O$		
		优等品	一等品	合格品	优等品	一等品	合格品
锌（Zn）含量	≥	35.3	33.8	32.3	22.0	21.0	20.0
游离酸（以 H_2SO_4 计）含量	≤	0.1	0.2	0.3	0.1	0.2	0.3
铅（Pb）含量	≤	0.002	0.010	0.015	0.002	0.005	0.010
镉（Cd）含量	≤	0.002	0.003	0.005	0.002	0.002	0.003
砷（As）含量	≤	0.002	0.005	0.010	0.002	0.005	0.007

2.3.2　硫酸锰

硫酸锰是最常用的锰肥。硫酸锰通常带有一个结晶水，分子式为 $MnSO_4 \cdot H_2O$，相对分子质量为 169，含 Mn 29.3%～31.8%。淡玫瑰红色细小晶体，易溶于水，不溶于乙醇。加热到 200℃ 以上时，开始脱去结晶水。易潮解，具刺激性。长期吸入该品粉尘，可引起慢性锰中毒。对环境有危害，对水体可造成污染（周健民和沈仁芳，2013）。锰是作物必需的微量元素之一，在植物代谢过程中有多方面的作用，可直接参与光合作用、促进氮素代谢、调节植物体内氧化还原状况等，还是许多酶的活化剂（马闯等，2011）。

作为肥料使用的用于补充作物锰营养元素的硫酸锰可分为一水硫酸锰和三水硫酸锰。一水硫酸锰分子式：$MnSO_4 \cdot H_2O$，相对分子质量为 169.02；三水硫酸锰分子式：$MnSO_4 \cdot 3H_2O$，相对分子质量为 205.05。外观应为白色或略带粉红色的结晶粉末。理化指标应符合表 2-26 要求。

表 2-26　农业用硫酸锰理化指标（NY/T 1111—2006）

项目		指标	
		一水硫酸锰 $MnSO_4 \cdot H_2O$	三水硫酸锰 $MnSO_4 \cdot 3H_2O$
Mn/%	≥	30.0	25.0
水不溶物/%	≤	2.0	
pH		5.0～6.5	
镉（Cd）/（mg/kg）	≤	20	

续表

项目		指标	
		一水硫酸锰 MnSO₄·H₂O	三水硫酸锰 MnSO₄·3H₂O
砷（As）/（mg/kg）	≤	20	
铅（Pb）/（mg/kg）	≤	100	
汞（Hg）/（mg/kg）	≤	5	

2.3.3　硫酸铜

硫酸铜是最常用的铜肥，为蓝色单斜晶系结晶。一般为五水合物 $CuSO_4 \cdot 5H_2O$，俗称蓝矾、胆矾，相对分子质量为 249.7，含 Cu 23.7%～24.4%。易溶于水，水溶液呈弱酸性。在 110℃失去 2 个结晶水。失去结晶水后分解，在常温常压下很稳定，不潮解，在干燥空气中会逐渐风化。是制备其他含铜化合物的重要原料，可用作基肥、种肥、追肥、种子处理或叶面喷施。但由于价格较昂贵，较少直接施入土壤中，一般只用于种子处理或叶面喷施（周健民和沈仁芳，2013）。硫酸铜既是一种肥料，又是一种普遍应用的杀菌剂，在棚室蔬菜生产中，特别是在连作条件下，用硫酸铜进行预防和治疗，效果较好（薛勇，2004）。

外观：蓝色或蓝绿色晶体，无可见外来杂质。技术指标应符合表 2-27 要求。

表 2-27　农业用硫酸铜控制项目指标（GB 437—2009）

项目		指标
硫酸铜（CuSO₄·5H₂O）质量分数/%	≥	98.0
砷质量分数 [a]/（mg/kg）	≤	25
铅质量分数 [a]/（mg/kg）	≤	125
镉质量分数 [a]/（mg/kg）	≤	25
水不溶物/%	≤	0.2
酸度（以 H₂SO₄ 计）/%	≤	0.2

注：[a] 正常生产时，砷质量分数、镉质量分数和铅质量分数，至少每 3 个月测定一次。

2.3.4　硼砂

硼砂亦称为月石砂。化学名称为十水硼酸钠，是非常重要的含硼矿物及硼化合物。分子式为 $Na_2B_4O_7 \cdot 10H_2O$，相对分子质量为 381.4。含 B 11.3%。无色半透明晶体或白色单斜结晶粉末。无臭，味咸。380℃时失去全部结晶水。易溶于水或甘油，微溶于乙醇。水溶液呈弱碱性。硼砂在空气中可缓慢氧化。熔融时呈无色玻璃状。硼砂是最主要的硼肥品种，产品质量稳定，价格便宜，施用方便。各种施用方法都适用，其中以叶面施肥方式应用最广。硼砂是制取含硼化合物的基本原料，几乎所有的含硼化合物都可经硼砂制得。硼砂毒性较高，若摄入过多的硼，会引发多脏器的蓄积性中毒（周健民和沈仁芳，2013）。制备硼砂的方法主要有硫酸法、常压碱解法、加压碱解法、碳碱法、钠化焙烧-常压水浸法、熔态钠化-常压水浸法、钠化焙烧-加压水浸法等，硫酸法是利用硼镁矿制取硼酸的主要方法（谢炜等，2016）。

硼砂目前无农用标准。市售产品执行 GB/T 537—2009 标准。硼镁肥料技术指标（GB/T 34319—2017）见表 2-24。

2.3.5 硼酸

硼酸为白色粉末状结晶或三斜轴面鳞片状结晶，手感滑腻，无臭味。溶于水，水溶液呈弱酸性。分子式为 H_3BO_3，相对分子质量为 61.83。相对密度为 1.435（15℃）。硼酸在水中的溶解度随温度升高而增大，并能随水蒸气挥发；在无机酸中的溶解度要比在水中的溶解度小。加热至 70～100℃时逐渐脱水生成偏硼酸，150～160℃时生成焦硼酸，300℃时生成硼酸酐（周健民和沈仁芳，2013）。

硼酸目前无农用标准。市售产品执行 GB/T 538—2018 标准。硼镁肥料技术指标（GB/T 34319—2017）见表 2-24。

2.3.6 硫酸亚铁

亦称为绿矾、铁矾，是最常用的铁肥品种。常温下为七水合物，分子式为 $FeSO_4·7H_2O$，相对分子质量为 278，含 Fe 16.3%～19.3%。外观为淡天蓝色或淡绿色单斜结晶或结晶性粉末。加热至 56℃以上开始脱去结晶水。易溶于水，水溶液有腐蚀性。在潮湿空气中吸潮，并被氧化成高铁而呈棕黄色。在干燥空气中风化，表面变为白色粉末。由于二价铁容易氧化成三价铁，影响铁的有效性，因此，无论是叶面喷施还是作基肥，其效果并不理想（周健民和沈仁芳，2013）。硫酸亚铁可作为肥料为植物补充铁素，是喜酸性花木尤其是铁树不可缺少的元素。可调节土壤酸碱度（周航等，2014）。

硫酸亚铁目前无农用标准。市售产品执行 GB/T 664—2011 标准。

2.3.7 钼酸铵

主要的钼肥品种，有正钼酸铵[$(NH_4)_2MoO_4·H_2O$]和仲钼酸铵[$(NH_4)_6Mo_7O_{24}·4H_2O$]两种。农业上应用最为普遍的是仲钼酸铵，相对分子质量为 1236，相对密度 2.498，含 Mo 54.3%，是无色或浅黄色的菱形结晶，易溶于水，水溶液呈弱酸性。溶于强碱及强酸中，不溶于醇、丙酮。在空气中易风化失去结晶水和部分氨，加热到 90℃时失去一个结晶水，在 190℃时即分解为氨、水和三氧化钼。仲钼酸铵有毒，LD_{50} 为 333mg/kg，其气溶胶的最大容许浓度为 2mg/m³，粉尘为 4mg/m³。工作时要戴防毒口罩，穿防尘工作服，工作场所要将起尘的设备加以密封、掩盖，并注意通风。钼酸铵主要用作根外追肥和种子处理（张亨，2013；周健民和沈仁芳，2013）。钼是植物必需的微量营养元素之一，是硝酸还原酶、固氮酶等许多种酶的组成成分。钼肥是我国农业中最早应用的微肥（姚健等，2015）。作物需要量虽然不大，但在作物的生长发育中起着重要作用。

钼酸铵目前无农用标准。市售产品执行 GB/T 3460—2017 标准。

2.4　有机原料

2.4.1　畜禽粪便

牲畜和禽类的粪便，含有较多的氮、磷、钾等养分，往往也含有大量病菌、虫卵及重金属等有害物质，通常与尿液、垫圈材料、饲料残渣等混合在一起。未经处理或处理不当会对水体、空气、土壤造成污染（周健民和沈仁芳，2013）。在传统的种养模式中，畜禽粪便作为农家肥对于保持土壤肥力，防治土壤板结，维持作物可持续生产具有重要作用（谢光辉等，2018）。畜禽粪便需经过腐熟和无害化处理才能用于农业生产。常以厩肥、堆肥形式存在。厩肥是家畜粪尿和垫圈材料混合堆积并经微生物腐熟作用而成。堆肥是以畜禽粪便、农作物秸秆、杂草等与泥土混合堆积，经好氧微生物为主分解腐熟而成。堆肥过程复杂，受含水量、温度、碳氮比、微生物等多种因素影响（张家才等，2017）。

2.4.2　农业废弃物

主要有以下几类：①农作物收获后废弃的茎秆、叶、根系、残茬、壳等物料，主要含有纤维素、半纤维素、木质素等有机组分及氮、磷、钾、钙、硅等矿质养分。农业废弃物所含的养分和组成因作物种类不同而不同，通常豆科作物的废弃物含氮较多，禾本科作物的废弃物含钾较多。农业废弃物通常与动物排泄物经过腐熟等无害化处理后直接作为农家肥或者商品有机肥的原料（周健民和沈仁芳，2013）。②含水量高的鲜料类，如尾菜、水果、花卉等。③菌包、酒糟、谷壳类。④园林垃圾类，如绿化林的枯枝落叶，修剪的枝丫。⑤畜禽废弃物类，如粪便、垫料等杂物。⑥水体浮游废弃物类，如水葫芦、蓝藻等。⑦优质农家肥类，如饼肥、豆制品下脚料、蔗泥等。农业废弃物应注意分类收集，各类物料要分开堆放，堆放时物料不能堆放太高，要留过道，便于检查。堆放场地应遮盖防雨，配备防火栓、灭火器，严防明火和堆温过高着火。而且需要经常检查，专人看守（张新利，2018）。

2.4.3 沼液沼渣

沼液沼渣均属于沼气肥，是优质肥料。通过利用生活中污水、人畜粪便、农作物秸秆等有机物作为原料，在沼气池内发酵产生的残留物，液体部分称为沼液，固体部分为沼渣。沼气发酵慢，有机质消耗较少，原材料中的氮、磷、钾等营养元素除氮素有一定损失外，大部分养分仍保留在发酵残留物中，因此富含有机质和植物必需的多种营养元素，其肥料质量比一般的堆肥要高，可直接作为肥料或者商品有机肥的原料（周健民和沈仁芳，2013）。沼液沼渣可以被应用在农业生产活动中的施肥、除虫、种植的各项环节（任慧等，2018；崔平等，2017）。

2.4.4 泥炭

亦称为草炭、草煤、泥煤、草筏子等。由久远年代多种植物残体，经长期淹水（嫌气）条件下积累而成的，是富含水分的有机堆积物。泥炭是湿地环境下的特定产物，是煤化程度最低的煤，若经地质过程而硬化成岩后，便成褐煤。根据泥炭的形成条件、组成和性质，可分为高位泥炭、低位泥炭和中位泥炭。可将泥炭与碳铵、氨水、磷肥或微肥等一起制成粒状或粉状混合肥料施用（周健民和沈仁芳，2013）。泥炭作为肥料的使用，在世界各国已经有较成熟的技术，目前存在的肥料种类可分为 5 种类型：①泥炭商品有机肥；②泥炭有机无机复合肥；③泥炭微量元素复混肥；④泥炭生物活性有机肥；⑤泥炭喷淋肥与冲施肥。前 3 种因腐植酸含量较多又称为腐植酸类肥料（曹石榴，2018）。

2.4.5 其他有机废弃物

生活垃圾、污水、污泥、废渣、屠宰场废弃物等。生活垃圾是人类生活的副产品，作为肥料原料的生活垃圾必须含有较多可再利用的有机物质，如瓜果蔬菜、餐厨垃圾、纸张木屑、枯枝落叶等。其中最主要的是厨余垃圾，这类垃圾是有机肥料的来源，主要包括剩菜剩饭和菜根菜叶等食品垃圾，与其他类别垃圾相比，厨余垃圾的有机物含量偏高，具有很大的回收利用价值（胡成春，2018）。新鲜的有机废弃物不能直接作为原料使用，需经过腐熟和无害化处理后才能利用。生活污水和污泥含有氮、磷、钾和有机质等，还含有病菌、病毒、寄生虫卵等有害物质，需经过无害化处理后才能利用（周健民和沈仁芳，2013），最常见的就是将污泥进行高温好氧发酵（饶亦武等，2016）。发酵后的污泥可以生产有机-无机复合肥，这种肥料不仅肥效好，也是良好的土壤调理剂，对提高农作物产量、改良土壤环境具有明显效果（郎俊霞，2017；白洁和高冬梅，2015）。

2.5 肥 料 辅 料

2.5.1 凹凸棒石

凹凸棒石又称为坡缕石或坡缕缟石，是一种具链层状结构的含水富镁铝硅酸盐黏土矿物，其理想的化学分子式为 $Mg_5Si_8O_{20}(OH)_2(OH_2)_4\cdot4H_2O$，其结构属 2：1 型黏土矿物。在每个 2：1 单位结构层中，四面体晶片角顶隔一定距离方向颠倒，形成层链状。在四面体条带间形成与链平行的通道，通道横断面约 3.7Å×6.3Å。通道中充填沸石水和结晶水。凹凸棒石为晶质水合镁铝硅酸盐矿物，具有独特的层链状结构特征，在其结构中存在晶格置换，晶体中含有不定量的 Na^+、Ca^{2+}、Fe^{3+}、Al^{3+}，晶体呈针状、纤维状或纤维集合状。凹凸棒石具有独特的分散、耐高温、抗盐碱等良好的胶体性质和较高的吸附脱色能力，并具有一定的可塑性和黏结力及介于链状结构和层状结构之间的中间结构。凹凸棒石呈土状、致密块状产于沉积岩和风化壳中，颜色呈白色、灰白色、青灰色、灰绿色或弱丝绢光泽。土质细腻，有油脂滑感，质轻、性脆，断口呈贝壳状或参差状，吸水性强。湿时具黏性和可塑性，干燥后收缩小，不大显裂纹，水浸泡时崩散。悬浮液遇电解质不絮凝沉淀。作为复合肥黏结剂，造粒成型率高，时间短，所造颗粒强度高，表面光洁度好，保肥时间长，因此，这种黏结剂能提高生产能力，减少电耗，还可以节约滑石粉、氯化铵等高价原料的用量（郑茂松等，2007）。用凹凸棒石作包衣的缓释肥，能很好地解决缓释肥后期供肥不足的问题，很大程度上提高了肥料的利用效率（王亚菲和石岩，2016）。

2.5.2 腐植酸

腐植酸是土壤和沉积物等物质中溶于稀碱，呈暗褐色、黑色或棕色，无定形和酸性的非均质天然有机高分子化合物，含碳、氢、氧、氮、硫等元素。它是胡敏酸和富啡酸的总称，是由芳香族及其多种官能团构成的高分子有机酸，具有良好的生理活性和吸附、络合、交换等功能。腐植酸内表面较大，使其吸附力、黏结力、胶体分散性等均良好，阳离子交换量较大。腐植酸结构中的活性基团如羧基、酚羟基等具有酸性、亲水性和吸附性，并能与某些金属离子生成螯合物。腐植酸较能抗微生物分解，可以作为缓效肥料的辅料（周健民和沈仁芳，2013）。矿物源腐植酸成分相对固定,含有脂肪酸、酚酸、苯多羧酸等成分;生化腐植酸成分复杂不固定,受发酵时间、工艺和原材料的影响,选择矿物源腐植酸可以较好地保证肥料的品质和使用效果的稳定性,一些废弃物中含有丰富的生化型黄腐酸(张强等,2018)。

2.5.3 氨基酸

氨基酸是一组相对分子质量大小不等,含有氨基(—NH$_2$)和羧基(—COOH),并有一个短碳链的一类有机化合物的总称。它是构成蛋白质的基本单位,赋予蛋白质特定的分子结构形态,使它的分子具有生化活性(周健民和沈仁芳,2013)。不同种类的氨基酸具有一些特定的生理生化作用,如作物可以通过根部特定的运输方式直接吸收氨基酸并进入植物地上部分,氨基酸被广泛应用于叶面喷施、土壤冲施和种子处理等,用来抵御生物和非生物胁迫达到作物增产目标。氨基酸肥料是一种能够为植物提供各种氨基酸类营养物质的肥料。到 2017 年年初,我国登记的含氨基酸水溶性肥料已占水溶性肥料总登记数量的 24%,肥料市场对氨基酸水溶肥料的需求也越来越多(张强等,2018)。

2.5.4 生物炭

由有机物料在完全或部分缺氧的情况下热解炭化产生的一类高度芳香化的固态难溶性物质,如木炭、秸秆炭、竹炭、稻壳炭、生物烟灰和生物来源的高度聚集的多环芳烃物质等。其半衰期很长,具有极强的稳定性,土壤中埋藏的生物炭往往能存在成百上千年。生物炭是黑炭的一部分,比黑炭的范围窄些,不包括化石燃烧产物或地球成因形成的炭,如煤炭、焦炭、化石燃料烟灰、石墨、元素碳、火成碳等(周健民和沈仁芳,2013)。生物炭载体的缓释增效机制主要分为 4 个方面:①吸持缓释养分,主要包括吸持肥料养分、延缓肥料养分在土壤中的释放、降低肥料养分的损失等。②改善土壤理化性质及水肥气热特征,主要包括增加土壤有机碳及改良团聚体结构、调控土壤酸碱度、增强土壤水分调节能力、增强土壤养分置换能力、增加土壤疏松度和透气性、调节土壤温度等。③改善土壤微生物特性,主要包括为微生物提供栖息环境、生存空间及水分养分等。④提供养分及增加生物刺激物质,主要包括提供大中微量元素、芳香烃及脂肪类化合物(李艳梅等,2017)。

2.5.5 硝化抑制剂

一类能够抑制铵态氮(NH$_4^+$)转化为硝态氮(NO$_3^-$)的生物转化过程的化学

物质，亦称为氮肥增效剂。硝化抑制剂通过减少硝态氮在土壤中的生成和累积，从而减少氮肥以硝态氮形式的损失及对生态环境的影响。常用的硝化抑制剂有3,4-二甲基吡唑磷酸（DMPP）、3,5-二甲基吡唑（DMP）、硫脲（TU）、2-氯-6-三氯甲基吡啶（CP）、脒基硫脲（ASU）、2-甲基-4,6-双（三氯甲苯）均三嗪（MDCT）、2-磺胺噻唑（ST）、4-氨基-1,2,4-三唑盐酸盐（ATC）、2-氨基-4-氯-6-甲基嘧啶（AM）和双氰胺（DCD）等。除水稻等作物在灌水条件下能够直接吸收铵态氮外，多数作物从土壤中吸收硝态氮，但硝态氮在土壤中容易流失，通常在铵态氮肥中合理使用硝化抑制剂以降低或减缓硝化过程，能够减少土壤氮素损失，提高氮肥利用率，增加作物产量（周健民和沈仁芳，2013；倪秀菊等，2009）。

2.5.6　脲酶抑制剂

脲酶抑制剂是能够抑制土壤中脲酶活性，延缓尿素水解的一类化学制剂。土壤脲酶是土壤中能催化尿素水解的专一性水解酶，脲酶抑制剂控制尿素水解的机理主要有两个方面：一是由于 SH—的氧化降低脲酶活性；二是争夺配位体，降低脲酶活性。脲酶抑制剂主要有以下几类：①磷胺类。环乙基磷酸三酰胺（CNPT）、硫代磷酰三胺（TPT）、N-丁基硫代磷酰三胺（NBPT）等，其主要官能团为 P＝O 或 S＝PNH_2。②酚醌类。对苯醌、氢醌、醌氢醌、苯酚、茶多酚等，其主要官能团为酚羟基醌基。③杂环类。六酰氨基环三磷腈（HACTP）、硫代吡啶类、硫代吡唑-N-氧化物等。脲酶抑制剂是化学试剂，所以存在着不可避免的缺点，如价格昂贵、毒性和污染（倪秀菊等，2009）。

2.5.7　防结块剂

结块是影响化肥外在品质的重要因素之一，特别是复合肥，因其成分复杂，不同类型组分间还会发生物理化学性质的变化，使其结块现象更加明显。向复合肥中加入防结块剂是防止复合肥结块的一种经济有效的方法。常见的防结块剂可分为 3 类：①惰性粉末或惰性填充物，如高岭土、硅藻土和滑石粉等；②疏水性物质，如矿物油、石蜡、十八胺等活性组分；③水溶性物质，以表面活性剂为主，有阴离子型、阳离子型和非离子型。相对而言，水溶性防结块剂因具有使用方便、可完全降解且防结块效果好等优点而成为研究的重点（范金石等，2017）。

（本章作者：袁金华、王婷、车宗贤、李娟、张旭临、颜庭林）

第3章　通用制造设备能力参数

3.1　造　粒　设　备

通常粒状复混肥料生产有 5 种类型，分别为盘式造粒、转鼓造粒、挤压造粒、喷浆造粒和塔式喷淋造粒。

3.1.1　盘式造粒设备

3.1.1.1　盘式造粒工作原理

盘式造粒由主电动机驱动皮带和皮带轮，通过减速机带动小齿轮，小齿轮与盘底的大齿轮相互啮合，相向工作，大齿轮则通过锥孔安装在固定于机架调节盘上的造粒盘后，经造粒盘的不断旋转，再加上喷雾装置，使物料均匀地黏合在一起，制成圆球状颗粒。盘式造粒机适用范围：中低浓度、小规模的复混肥生产。

3.1.1.2　盘式造粒设备类型

盘式造粒机分为单盘造粒机和双盘造粒机两种类型。

3.1.1.3　盘式造粒设备结构图

盘式造粒机是由倾斜的成粒圆盘、驱动装置、圆盘倾角调整结构、机架、加料管、料液喷洒器、刮料板等部件组成，如图 3-1 所示。盘式造粒机的倾斜角一般调整范围为 45°～55°，转速 n=10～18r/min。

3.1.1.4　盘式造粒设备技术参数

盘式造粒机生产厂家很多，表 3-1 列出中华人民共和国原第一机械工业部标准用于水泥工业的盘式造粒机生产复混肥的规格及参数（陈隆隆和潘振玉，2008）。

3.1.2　转鼓造粒设备

3.1.2.1　转鼓造粒设备工作原理

转鼓造粒设备是复合肥行业的关键设备之一，适用于冷、热造粒以及高、中、低浓度复混肥的大规模生产。主要工作方式为团粒湿法造粒，通过一定量的水或

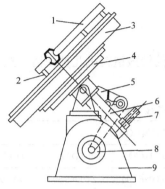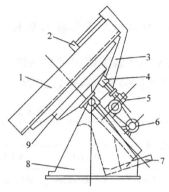

a. 1. 刮刀架　2. 刮刀　3. 圆盘　4. 伞齿轮　5. 减速机
6. 中心轴　7. 调倾角螺杆　8. 电动机　9. 底座

b. 1. 圆盘　2. 刮刀　3. 刮刀架　4. 小齿轮　5. 减速机
6. 电动机　7. 调倾角螺杆　8. 底座　9. 内齿圈

图 3-1　盘式造粒设备结构图

表 3-1　盘式造粒设备技术参数

圆盘直径/mm	圆盘边高/mm	转速/(r/min)	倾角/(°)	生产能力/(t/h)	电动机功率/kW
1600	300	23～24	45	0.4～1.5	4
1800	300	18	45	0.4～1.5	4
2000	400（240～350）	15.1（21～22）	40～45（45～60）	7.2（1～2）	7.5（5.5）
2200	360	21～22	35～55	2～3	10（7.5）
2500	500（360）	12.5（20～21）	40～55（40～55）	11（3～4）	13（11）
2800	500（450）	11.8（20～21）	40～55（40～55）	14（4～5）	17（15）
3200	650（400～550）	11（19～20）	40～55（40～55）	18.5（5～6）	22（18.5）
3500	650（450～600）	10.5（10～12）	40～55（40～60）	22（2～8）	22

注：括号内参数为生产复混肥的数据，仅供参考。

蒸汽，使基础肥料在筒体内调湿后充分发生一定的物理化学反应，在一定的液相条件下，借助筒体的旋转运动，使物料粒子间产生挤压力团聚成球。

3.1.2.2　转鼓造粒设备结构图

转鼓造粒机的结构如图 3-2 所示。圆筒转鼓外装有两个滚圈，各支承在前托轮、带挡轮组的托轮支座上，转鼓倾斜地安装在支座上。

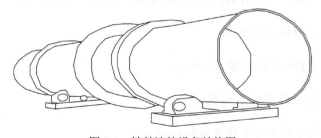

图 3-2　转鼓造粒设备结构图

3.1.2.3 转鼓造粒设备技术参数

用来生产磷酸铵和尿基 NPK 复合肥料的转鼓造粒机几种规格和技术参数见表 3-2（陈隆隆和潘振玉，2008）。

表 3-2 转鼓造粒设备技术参数

参数名称	设计规模/（kt/a）				
	30（DAP）	60（DAP）	240（DAP）	240（DAP）	300（尿基 NPK）
外形尺寸/mm	Φ2 000×4 500	Φ2 200×5 000	Φ2 600×6 000	Φ2 600×6 500	Φ3 200×10 000
全容积/m³	14	19	31.84	34.5	80.3
筒体倾角/（°）	2	1.8	1.8	1.8	1.8
筒体转速/（r/min）	10.5	9.7	9.2	9.2	8.54
电动机功率/kW	30	45	90	90	160
机器总质量/t	27.4	28.5	37.9	46.84	71.04

注：DAP 为磷酸二铵，NPK 为氮磷钾复合肥料。

3.1.3 挤压造粒设备

3.1.3.1 挤压造粒的工作原理

挤压造粒由电动机驱动皮带和皮带轮，通过减速机传递给主动轴，并通过对开式齿轮与被动轴同步，相向工作。物料从进料斗加入，经对辊挤压成型，脱模造球后进入抛光机抛圆抛光再送入筛分机，筛上物为产品颗粒，筛下物为粉状返料返回造粒机与新料混合重新造粒。

3.1.3.2 挤压造粒设备类型

挤压造粒设备主要有对辊挤压造粒和轮碾挤压造粒两种型式。

3.1.3.3 挤压造粒设备结构图

挤压造粒设备结构图如图 3-3 所示。

3.1.3.4 挤压造粒设备技术参数

对辊式挤压造粒机主要技术参数见表 3-3。

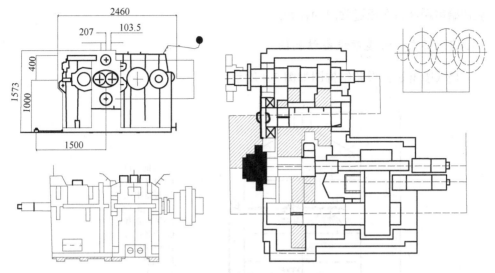

图 3-3　挤压造粒设备结构图

表 3-3　挤压造粒设备技术参数

技术参数	型号		
	1 型 25	2 型 25	3 型 45
肥料颗粒直径/mm	3.7×5.6；6.4×6；5×8	3.7×5.6；4×6；5×8	3.7×5.6；4×6；5×8
成粒率/%	>80	>80	>80
颗粒形状	扁球状	扁球状	扁球状
额定产率/（t/h）	1.9；2；3	2.18；2.3；3.5	3.35；3.5；5
工作温度	常温	常温	常温
物料含水量/%	3~4	3~4	3~4
颗粒抗压强度/N	≥8 或≥20	≥8 或≥20	≥8 或≥20
加工复肥品位/%	20~45	20~45	20~45
电动机功率/kW	18.5	22	37
整机质量/t	1.7	1.8	3.5
外形尺寸/mm	1450×1000×2250	1500×1000×2250	1500×1400×1650

3.1.4　塔式喷淋造粒

3.1.4.1　塔式喷淋造粒设备工作原理

塔式喷淋造粒的工作原理是熔融并能流动的熔料从位于造粒塔顶的造粒喷头喷洒分散成液滴之后，在重力和浮力作用下降落，在降落过程中与塔下进入的冷空气流逆向接触，彼此产生传热传质作用，熔料经过降温、凝固、冷却三个阶段，从初始熔融液态变成近常温的粒状固态。

3.1.4.2 塔式喷淋造粒设备结构图

塔式喷淋造粒设备结构图如图 3-4 所示。

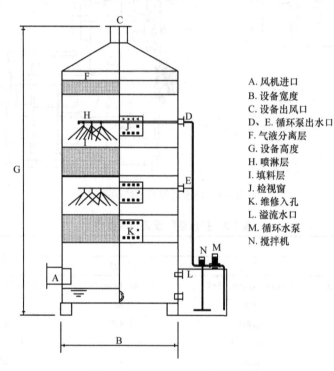

A. 风机进口
B. 设备宽度
C. 设备出风口
D、E. 循环泵出水口
F. 气液分离层
G. 设备高度
H. 喷淋层
I. 填料层
J. 检视窗
K. 维修入孔
L. 溢流水口
M. 循环水泵
N. 搅拌机

图 3-4 塔式喷淋造粒设备结构图

3.1.4.3 塔式喷淋造粒设备技术参数

造粒产量（正常）为 28t/h，最大 30t/h，最小 25t/h；粒子合格率为大于 $\Phi1.0mm$ 的占总量的 90% 以上；喷头供料方式为侧供料；喷头布料方式为 L 型筋板复合布料；喷头调速方式为变频无级调速；喷头锥形整体旋压成形，材质为 1Cr18Ni9Ti；外形尺寸要求支架底座 1500mm×3540mm，高度 3000mm，造粒机切换时间小于 3.0min。

3.2 烘 干 设 备

3.2.1 烘干设备的工作原理

烘干设备的工作原理：物料从进料端加入，经过筒体内部，同时在进入端设有热风炉，热风在风机吹力下进入筒体内部，在筒体内部扬料板的作用下，将物料下端均匀翻起，从而达到干燥均匀的目的，烘干后的物料从出料口流出。干燥过程形成的水蒸气、粉尘、SO_2 烟道气等由烘干机尾端设置的引风机快速从筒体内抽出经环保处理系统处理后达标排放。

3.2.2　烘干设备结构图

滚筒烘干设备结构图如图 3-5 所示。

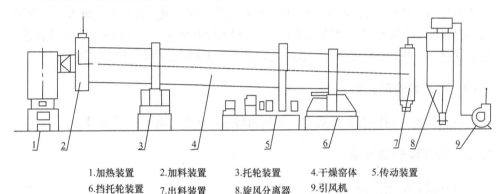

1.加热装置　　2.加料装置　　3.托轮装置　　4.干燥窑体　5.传动装置
6.挡托轮装置　7.出料装置　　8.旋风分离器　9.引风机

图 3-5　烘干设备结构图

3.2.3　烘干设备技术参数

滚筒烘干设备技术参数见表 3-4。

表 3-4　烘干设备技术参数

技术参数	型号										
	1 型-3	2 型-9	3 型-13	4 型-18	5 型-29	6 型-41	7 型-52	8 型-68	9 型-81	10 型-95	11 型-110
传热面积/m³	3	9	13	18	29	41	52	68	81	95	110
有效容积/m³	0.06	0.32	0.59	1.09	1.85	2.8	3.96	5.21	6.43	8.07	9.46
转速范围/(r/min)	15～30	10～25	10～25	10～20	10～20	10～20	10～20	10～20	5～15	5～15	5～10
功率/kW	2.2	4	5.5	7.5	11	15	30	45	55	75	95
器体宽/mm	306	584	762	940	1118	1296	1474	1652	1828	2032	2210
总宽/mm	736	841	1066	1320	1474	1676	1854	2134	1186	2438	2668
器体长/mm	1956	2820	3048	3328	4114	4724	5258	5842	6020	6124	6122
总长/mm	2972	4876	5486	5918	6808	7570	8306	9296	9678	9704	9880
进出料距/mm	1752	2540	2768	3048	3810	4420	4954	5384	5562	5664	5664
中心高/mm	380	380	534	610	762	915	1066	1220	1220	1220	1220
总高/mm	762	838	1092	1270	1524	1778	2032	2362	2464	2566	2668
进气口直径/mm	19.05	19.05	25.4	25.4	25.4	25.4		25.4/25.4/50.8			50.8
出水口直径/mm	19.05	19.05	25.4	25.4	25.4	25.4		25.4/25.4/50.8			50.8

3.3 冷却设备

3.3.1 冷却设备的工作原理

冷却设备的工作原理：干燥后热的颗粒肥料由入口端加入，冷风由出口端进入，两者逆流相遇，颗粒肥料将热量传给冷风，温度降至低于 40℃，由出口端排出。颗粒肥料的入口端即是冷风的出口端，与引风机相连。为了防止将粉尘带出，进料箱上设有与引风机相连的出气口及迷宫式密封装置。因冷风直接由大气吸入，一般进气的出料端不设带密封装置的出料箱。为了提高冷却效率，筒体内装有升举式抄板，但这样将使一些合格成品粒肥粉化，物料中小于 1mm 粉肥经冷却将增加 5% 左右。

3.3.2 冷却设备的类型

冷却设备常用的有两种类型，分别为转鼓冷却器和流化床冷却器。

3.3.3 冷却设备原理图

冷却设备原理如图 3-6 所示。

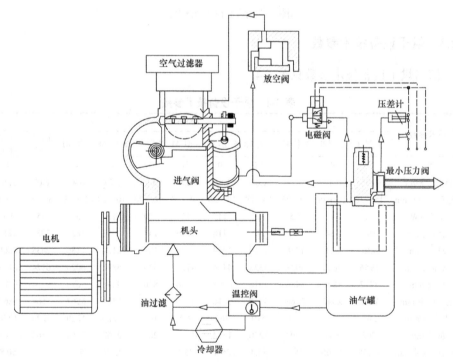

图 3-6　冷却设备原理图

3.3.4　冷却设备技术参数

冷却设备技术参数见表 3-5（陈隆隆和潘振玉，2008）。

表 3-5　冷却设备技术参数

参数名称	规模/（kt/a）						
	45～50	50～60	60 (SSP)	100 (GTSP)	240 (DAP)	240 (DAP/NPK)	300 (NPK)
转鼓尺寸/mm	Φ1 200× 7 000	Φ1 200× 10 000	Φ1 800× 10 000	Φ2 000× 16 000	Φ2 400× 12 000	Φ2 400× 22 000	Φ3 000× 24 000
转鼓倾角	2.5°	2.5°	2°	1°56′54″	2°～2.5°	2°～2.5°	2°～2.5°
全容积/m³	/	/	25.4	50.24	54.25	76.8	169.5
填充系数/%	/	/	18	10.6	18	18	
筒体转速/（r/min）	4.5	4.5	3.08	3	3	3	3
电动机功率/kW	5.5	7.5	15	30	37	45	160
总质量/t	9.0	11.0	22.57	42.75	40	45	

注：SSP 为普通过磷酸钙；GTSP 为重过磷酸钙；DAP 为磷酸二铵。

3.4　抛　光　设　备

3.4.1　抛光设备的工作原理

抛光机采用电动机带动转盘旋转使不规则颗粒在筒体内形成"龙翻身"自身旋转产生摩擦力，使不规则颗粒角、棱摩擦掉形成圆球颗粒。

3.4.2　抛光机技术参数

抛光机型号及技术参数见表 3-6（陈隆隆和潘振玉，2008）。

表 3-6　抛光机型号及技术参数

型号	功率/kW	产量/（t/h）
1 型-800	7.5×1	0.2～0.5
2 型-800	7.5×2	0.3～0.6
3 型-1000	11×2	0.6～1.2
4 型-1300	15×2	1～2

3.5　包　膜　设　备

3.5.1　包膜机的工作原理

包膜机由主电动机驱动皮带轮和皮带，通过减速机传动给主动轴，通过安装在主动轴上的对开式齿轮与固定在机体上的大齿轮相啮合，相向工作。物料从进料端加入，经筒体内部，在引风机的吸力下使筒体内部空气流动加快，使颗粒在筒体内旋转，在旋转过程中使颗粒表面包裹一层薄膜。

3.5.2 包膜设备结构图

肥料包膜设备结构如图 3-7 所示。

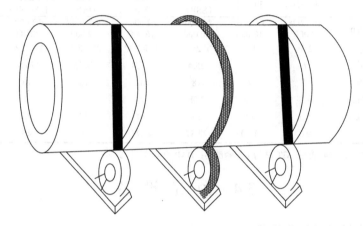

图 3-7 包膜设备结构图

3.5.3 包膜机技术参数

包膜机技术参数见表 3-7。

表 3-7 包膜机技术参数

类型	外形尺寸/mm	功率/kW	产量/（t/h）	电源电压/V	适用范围
肥料包膜机	1500×4000	11	15～20	380	有机肥、复合肥

3.6 筛 分 设 备

3.6.1 筛分设备的工作原理

筛分设备就是利用旋转、振动、往复、摇动等动作将各种原料和各种初级产品经过筛网分别按物料粒度大小分成若干个等级或是将其中的水分、杂质等去除。

3.6.2 筛分设备的类型

筛分设备分为滚筒筛、圆振动筛、直线振动筛、共振筛等多种类型。

3.6.3　筛分设备结构图

滚筒筛结构图如图 3-8 所示。

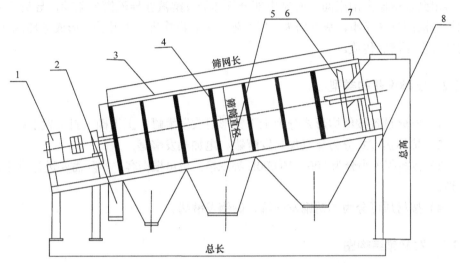

1.驱动装置　2.粗料出料口　3.密封罩　4.筒体　5.筛下物出料口　6.驱动装置　7.进料口　8.支架

图 3-8　滚筒筛示意图

3.6.4　筛分设备技术参数

不同型号筛分设备技术参数见表 3-8。

表 3-8　筛分设备技术参数

型号	年产量/万 t	处理量/(t/h)	外筛直径/mm	长度/m	功率/kW
1 型-3	3	10.4	Φ1200	3.5	4
2 型-5	5	13.8	Φ1200	4	5.5
3 型-10	10	27.8	Φ1400	5	7.5
4 型-15	15	47.7	Φ1500	6	11

3.7　发 酵 设 备

3.7.1　发酵设备的工作原理

在反应器中央有一个导流筒,将发酵液分为上升区(导流筒内)和下降区(导流筒外),在上升区的下部安装了空气喷嘴,或环形空气分布管,空气分布管的下方有许多喷孔。加压的无菌空气通过喷嘴或喷孔喷射到发酵液中,从空气喷嘴喷入的气速可达 250~300m/s,无菌空气高速喷入上升管,通过气液混合物的湍流作用而使空气泡分割细碎,与导流筒内的发酵液密切接触,供给发酵液溶解氧。由于导流筒内形成的气液混合物密度降低,加上压缩空气的喷流动能,因此使导流筒内的液体向上运动;到达反应器上部液面后,一部分气泡上升破碎,二氧化碳排出到反应器上部空间,而排出部分气体的发酵液在导流筒外流动,导流筒外的发酵液因气含率小,密度增大,发酵液下降,再次进入上升管,形成循环流动,实现混合与溶氧传质。

3.7.2 发酵设备的类型

1)发酵设备按结构形式分为上下锥形封头发酵罐、上下椭圆封头发酵罐。

2)按加热方式分为蒸汽加热发酵罐、电加热发酵罐。

3)按容积大小分为 100~10 000L 等规格,也可根据客户实际需要进行设计、制造。

4)按材质可分为不锈钢发酵罐、碳钢发酵罐。

3.7.3 发酵罐结构图

发酵设备结构图如图 3-9 所示。

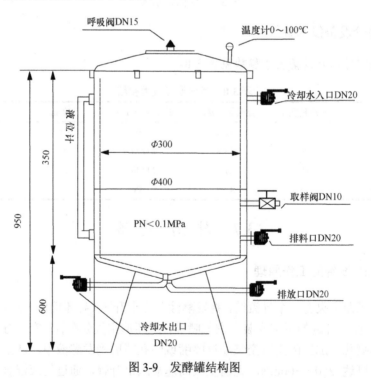

图 3-9　发酵罐结构图

3.7.4　发酵罐技术参数

发酵罐技术参数见表 3-9。

表 3-9　发酵罐技术参数

参数	1 型-5-50L	2 型-10-100L	3 型-30-300L	4 型-50-500L
公称容积	5～50L	10～100L	30～300L	50～500L
罐体材质	SUS304 SUS316L			
装液系数	65%～80%			
控制参数	下位机控制：温度、pH、DO 值、消泡、搅拌转速、补料系统等参数			
搅拌桨叶	平叶、斜叶、弯叶、箭叶			
搅拌方式	机械搅拌			

适用范围：适用于微生物发酵培养基配方筛选，发酵工艺参数中试二级放大，优化及生产工艺与菌种验证的试验设备和生产设备。

3.8　固液分离设备

3.8.1　固液分离设备的工作原理

待处理的物料经过泵等工具均匀地输送到螺旋压榨机进料口，经过螺旋叶片挤压和筛网过滤，水或者汁液经过筛网流到机器下方的接水盘收集后经过管路接走。不同的物料选用不同的筛网（孔径 0.1～1mm）、不同的螺旋转速及适当调整出渣口干湿调节装置来达到较高的产量及渣的干湿程度（或者说通过调整出渣口干湿调节装置及适当调节螺旋转速来达到脱水效果和产量的良好配合），含纤维越高，产量越大，脱水后的渣干度也越高；筛网孔径越小，处理的物料的颗粒直径也越小。

3.8.2　固液分离步骤

1）先由固液分离机配套的无堵塞液下泵将畜禽粪便水提升送至固液分离机内。

2）再由绞龙将粪水逐渐推向机器的前方，同时不断提高机器前缘的压力，迫使物料中的水分在边压带滤的作用下挤出网筛，流出排水管。

3）固液分离机的工作是连续进行的，其粪水不断地提升至固液分离机体内，前缘的压力不断增大，当达到一定程度时，就将卸料口顶开，挤出挤压口，达到挤压出料的目的。

3.8.3 固液分离设备结构图

固液分离设备结构图如图 3-10 所示。

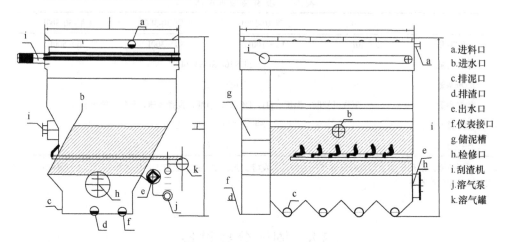

图 3-10 固液分离设备结构图

a.进料口
b.进水口
c.排泥口
d.排渣口
e.出水口
f.仪表接口
g.储泥槽
h.检修口
i.刮渣机
j.溶气泵
k.溶气罐

3.8.4 固液分离设备技术参数

固液分离设备技术参数见表 3-10。

表 3-10 固液分离设备技术参数

参数名称	技术指标
整套设备重量	450kg
液下泵进口量直径	76cm
滤网直径	28cm
溢液口直径	76mm
分离后污水排水口直径	108mm
液态物（固体含量<50%）	每小时处理 20～25m³

3.9 粉 碎 设 备

3.9.1 粉碎设备的类型

复混肥生产的破碎机常用的有立式链条式破碎机、卧式链条式破碎机、对辊破碎机、鼠笼式破碎机、锤辊式破碎机 5 种类型,其他如颚式破碎机、齿辊式破碎机等在一些特殊的场合也有被使用。

3.9.2　粉碎设备的特点

一般来说,链条破碎机的破碎效果相对要差一些,但结构较简单,使用和清理方便,锤式、辊式破碎机的破碎效果较好,但人工清理的难度要大,近年来,在参考国外类似设备基础上,开发成功的自动液压清理装置的锤辊式破碎机得到了较好的利用。

3.9.3　粉碎设备工作原理及优缺点

3.9.3.1　立式链条式破碎机

立式链条式破碎机的结构是由圆柱筒外壳、转子、上下支挑和传动部分组成。圆柱筒壳体上部设有进料口,机壳内装有衬板和挡料圈,以保护壳体和防止物料直接落下。转子上装有挂链盘(1～5 个),每个挂链盘上挂有若干条链条,每条链条上装有几个链环,上下两层链条位置交错分布。运转时链条端部与筒壁间保持一定间隙。当主轴在电机带动下转动时,链条随之做快速旋转对从进料口进入的物料进行猛烈打击,受打击后的物料撞击到挡料圈上又落至下一层,受到下一层链条的打击。这样一次受打击、撞击、落下,在机内呈"之"字形向下运动逐渐被破碎,最后从下面的出料口卸出。

立式链条式破碎机的优点是:结构简单、操作方便、体积小、生产效率高。缺点是:颗粒不均匀、出料粒度随喂料量变化而变化,并且当物料含湿量较大时,会出现粘壁、堵塞现象。需多机轮用,频繁清理,增加了操作人员的劳动强度。

3.9.3.2　立式镰刀式破碎机

立式镰刀式破碎机与立式链条式破碎机结构相似,但比链条式破碎机破碎率高,颗粒更加细小均匀。该机主要由圆筒形机壳、转子、传动装置等构成。与链条式破碎机所不同的是,在破碎链条的端部装有镰刀,镰刀由 3 层刀片组成,中间刀片可以沿轴转动。

3.9.3.3　卧式链条破碎机

该机有两个平行的转子(水平布置),工作时由两台电动机经三角皮带分别带动两转子,每个转子上装有数量相同的若干组链条,每组链条的链节数相同,各组链条均采用可拆结构并固定在转子上，以便链条磨损后更换。设备运转时，物料由进料管分两路进入链磨机内，受到快速回转的链条打击，被打击的物料又以很高的切线速度在机壳中心处相互撞击而被破碎，然后由机壳下部排料口排出。

3.9.3.4　笼式破碎机

笼式破碎机是依靠固定在高速回转转子上的笼条打击物料而将其破碎的。广泛用于建材工业及化肥厂碳化煤球用煤的破碎，有的复混肥企业用来破碎普钙。笼式破碎机有单转子和双转子两种形式。

笼式破碎机主要是由两个相对转动的笼子构成，每个笼子都有一个固定在轮毂上的钢盘，每个钢盘上装有 2 圈或 3 圈笼条，笼条按同心圆在钢盘上布置。每圈笼条的另一端由钢环固接，以增加其强度。两个钢盘上每圈笼条在机上相间分布，以有效地破碎物料。每个钢盘连同固定在上的笼条构成一个笼子，每个笼子安装在自己的轴上，处于悬臂支撑，两轴各不相关，但位于同一轴线上。两个电动机分别通过各自的皮带轮驱动两轴做反向旋转。两笼子均被外壳封闭，外壳上部有进料口。

设备运转时，物料从进料口进入两个做相对转动的笼子中心，物料首先落在最里圈的笼算上，由于笼子的高速旋转，物料受笼条的猛烈打击被破碎，然后在离心力作用下被抛向下一圈的笼条上（另一笼子最里圈的笼条上），物料又受到该层笼条的打击再次被破碎，但物料所受打击的方向相反。如此进行下去，直到物料通过各层笼条为止，经多次破碎粒度达到要求后从下部卸出。

3.9.3.5　锤辊式破碎机

锤辊式破碎机的两根轴上分别装有锤子和带液压清理装置的辊筒，进入破碎机的颗粒物料首先被高速运转的锤子击中，再与运转中的辊筒发生碰撞，部分粉状物料会黏附在滚筒的表面，在设定的运转周期内，清理刮刀在液压装置的驱动下将滚筒表面黏附的物料进行清除。

3.10　生物炭化设备

3.10.1　炭化设备的结构

炭化设备主要包括气化炉、烟气净化装置、进料装置、炭化主机、出炭装置、燃烧器、可编程逻辑控制器控制柜。

3.10.2　热解参数的选择

影响生物质热解炭化的因素有：原料（种类、粒径、水分）、热解温度、反应时间等。

3.10.2.1　原料

气化炉对原料水分要求比较严格，需控制在 15% 以下；炭化原料要求不严，但是水分过大会降低产量，原料经过干燥处理水分控制在 20% 以下最好。

原料粒径要求在 1～30mm，粒径大小对产量影响不大。

3.10.2.2　炭化温度

炭化温度具备可控性，可根据不同原料来设定炭化温度，炭化温度设定合适能优化生物质炭性质、增加芳香化结构、增加比表面积、提高孔隙率、提升吸附能力。

3.10.2.3　反应时间

反应时间对炭的品质具有重要影响，原料在高温区停留的时间长，会降低产量，但增加炭的空隙结构。

3.10.3　炭化过程

炭化是指有机质受热分解而留下残渣或碳的过程。在这一过程中，原料中的非碳物质被除去，产生以固定碳为基础的孔洞结构，反应相对复杂。一般来说，生物质原料进入炭化装置中，先后经历干燥、预炭化、炭化和燃烧 4 个阶段，最终生成生物质炭。干燥阶段是生物质炭化的准备阶段，当温度达到 120～150℃时，生物质中所蕴含的水分受热率先析出，变成干生物质。预炭化阶段是生物质炭化的起始阶段，当温度达到 150～275℃时，干生物质受热，其中不稳定成分（如半纤维素）发生分解，析出少量挥发分。炭化阶段是生物质炭化的主要阶段，当温度达到 275～450℃时，半纤维素和纤维素发生剧烈的热分解，产生大量的挥发分，放出大量的反应热，剩余固态产物即为"生物碳"。燃烧阶段是生物炭化的结尾阶段，当温度达到 450～500℃时，利用炭化阶段放出的大量热，对初步生物碳进行煅烧，排除残留在炭中的挥发性物质，提高炭中固定碳含量，获得最终的生物炭。

3.10.4　炭化产物

生物质热裂解产物主要由生物炭、可燃气、焦油、木醋液等组成。加热条件的变化可改变热裂解的实际过程及反应速率，从而影响热裂解产物生成量，按照炭化平均温度 450℃，以玉米秸秆为例，1kg 秸秆可得生物炭约 0.33kg，热值为 20 000kJ/kg；可燃气 0.3m³（主要成分体积分数包括 CO_2 45%、CO 30%、H_2 15%、CH_4 10%）；焦油为 0.05kg，热值为 40 000kJ/kg；木醋液为 0.3kg。

3.10.5　技术参数

生物质炭化设备技术参数见表 3-11。

表 3-11　生物质炭化设备技术参数

技术参数	型号				
	1 型-03	2 型-05	3 型-12	4 型-20	5 型-30
产量/（kg/h）	300	500	1200	2000	3000
功率/（kW/h）	11	15	18.5	30	55
主炉尺寸（$W \times H \times L$）	1000mm×1700mm ×800mm	1300mm×1900mm ×8500mm	1600mm×2200mm ×8500mm	2200mm×2800mm ×8500mm	3000mm×3300mm ×8500mm
原料	锯末、椰壳、木材、稻壳、秸秆、杂草、果壳（皮）、沼气渣等生物质材料，污泥、生活垃圾、造纸渣等有机物				
结构	卧式				
主炉转速	3～9 圈/min				

3.10.6　炭化设备原理图

有机废弃物在无氧环境下，对有机质含量较高的各种固体废弃物进行高温加热，在干馏和热解作用下，将其中的有机质转化为水蒸气、不凝气体和炭，如图 3-11 所示。

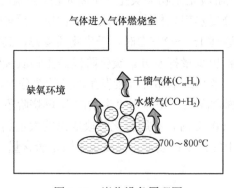

图 3-11　炭化设备原理图

3.11　反　应　釜

3.11.1　反应釜的工作原理

在内层放入反应溶媒可做搅拌反应，夹层可通入不同的冷热源（冷冻液、热水或热油）做循环加热或冷却反应。通过反应釜夹层，注入恒温（高温或低温）的热溶媒体或冷却媒体，对反应釜内的物料进行恒温加热或制冷。同时可根据使用要求在常压或负压条件下进行搅拌反应。物料在反应釜内进行反应，并能控制反应溶液的蒸发与回流，反应完毕，物料可从釜底的出料口放出。

3.11.2　反应釜的类型

反应釜的类型主要有搪玻璃反应釜、电加热反应釜、盘管式反应釜、加氢反应釜、水热反应釜、高压反应釜、磁力反应釜、电加热不锈钢反应釜、汽加热不锈钢反应釜 9 种。

3.11.3　反应釜技术参数

反应釜技术参数见表 3-12。

表 3-12　反应釜技术参数

参数名称	技术指标
设计容积	50～30 000L（体积可以按照要求设计）
反应温度	常温～300℃
反应压力	–0.1～0.6MPa
设备材质	SUS304 不锈钢、SUS321 不锈钢、SUS316L 不锈钢或 Q235-B 碳钢
搅拌形式	桨叶式、锚桨式、框式、螺带式、涡轮式、分散盘式、组合式等
加热方式	电加热、蒸汽加热、水浴加热
导热介质	导热油、蒸汽、热水、电加热
传热结构	夹套式、外半管式、内盘管式

3.11.4　反应釜结构图

反应釜结构图如图 3-12 所示。

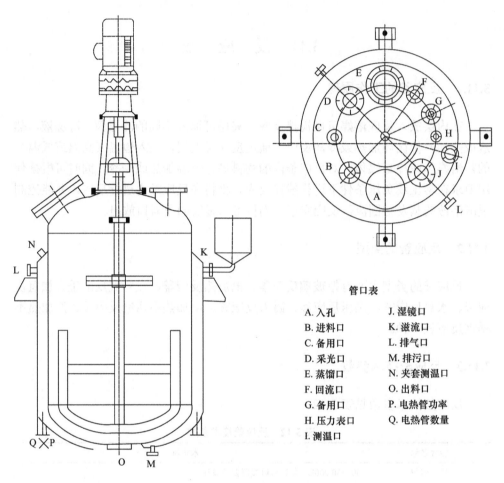

管口表

A. 入孔　　　　　J. 湿镜口
B. 进料口　　　　K. 滋流口
C. 备用口　　　　L. 排气口
D. 采光口　　　　M. 排污口
E. 蒸馏口　　　　N. 夹套测温口
F. 回流口　　　　O. 出料口
G. 备用口　　　　P. 电热管功率
H. 压力表口　　　Q. 电热管数量
I. 测温口

图 3-12　反应釜结构图

（本章作者：杨君林、李忠、李永安、俄胜哲）

第4章　制造工艺方案及设备选型

4.1　水溶肥生产工艺及设备

4.1.1　水溶肥概述

　　水溶肥是指能够完全溶解于水的含作物所需的大量营养元素氮、磷、钾，中量营养元素钙、镁、硫，微量营养元素铁、锰、铜、锌、硼、钼、氯及有益物质氨基酸、腐植酸、海藻酸等营养成分的一类复合型肥料。其从组成形态上可分为固体水溶肥和液体水溶肥；从所含营养成分可分为大量元素水溶肥料、中量元素水溶肥料、微量元素水溶肥料、含氨基酸水溶肥料、含腐植酸水溶肥料、有机水溶肥料等（周鹂等，2013）。

　　与传统的肥料如尿素、磷酸二铵、硫酸钾、过磷酸钙、颗粒复合肥等品种相比，首先，水溶肥具有水溶性好、肥效快、无残渣、肥料利用率高、能被作物根茎叶充分吸收利用的优势，如采用水肥一体化施用技术，以水带肥，它的养分有效吸收率可达到80%以上，是普通肥料的2~3倍；其次，在肥料种类上，其配方具有多样化和灵活性的特点，可以根据具体土壤环境条件和作物需肥特性随时随地地进行配合加工；再者，在施用方式上，具有灵活性的特点，可以浇灌，让植物根部在吸收水分的同时全面接触到肥料，也可以叶面喷施，通过叶面气孔直接进入植物内部，让作物充分吸收养分，也可以采用滴灌的方式，节约灌溉水并提高劳动生产效率，同时，水溶肥也是无土栽培的最佳肥料选择（杨净云等，2012）。我国是全球淡水资源贫乏的国家之一，农业的季节性及产业分布不均、区域性缺水等问题突出。水溶肥作为新型环保肥料之一，使用方便、肥料利用率高、可节约农业用水、减少生态环境污染、改善作物品质及减少劳动力等，完全符合我国现代化农业的发展需求。当前，随着我国农业集约化、规模化生产的发展，水肥一体化技术的大力推广应用，农业用水资源的进一步匮乏，其重要性得到了更广泛的认识，水溶肥已成为我国肥料产业未来发展的重要方向（彭贤辉等，2016）。

　　水溶肥具有一定的科学技术含量，在施用过程中应注意以下问题：一是施用时应采取二次稀释法、避免直接冲施，尤其在滴灌和喷施时，应按相应水溶肥的稀释倍数操作，避免烧苗伤根、苗小苗弱等现象的发生；二是严格控制施肥量，水溶肥比传统肥料养分含量高、易吸收、养分吸收利用率高，且难以在土壤中长期存留，所以要严格控制施肥量，避免肥料流失，否则既降低施肥的经济效益，也达不到高产优质高效环保的施肥目的；三是避免与碱性的农药混用，以防止金属离子在碱性条件下与酸根离子起反应产生沉淀，造成叶片肥害或药害；四是不要在雨天和雾天喷施（陈清，2016；武良和汤洁，2016）。

当前，水溶肥在我国处于快速发展阶段，水溶肥料行业已经有了相当的规模，其使用范围也逐渐由经济作物向大田作物迈进，在农业部登记产品有 1 万种（王永欢，2012），水溶肥及其施用技术符合"低碳节能、高效环保"的要求，因此发展前景十分广阔，前途一片光明（冯先明等，2017）。本节我们从固体水溶肥和液体水溶肥的类别、生产工艺、设备选型来介绍水溶肥的相关知识。

4.1.2 固体水溶肥

4.1.2.1 类型

固体水溶肥要求产品必须为均匀的固体，当前的固体水溶肥主要以粉剂和结晶体为主，主要有 9 个种类。大量元素水溶肥料（中量元素型）固体产品和大量元素水溶肥料（微量元素型）固体产品，执行标准为农业部行业标准 NY 1107—2010（表 4-1 和表 4-2）（韩瑜等，2017）；中量元素水溶肥料固体产品，执行标准为农业部行业标准 NY 2266—2012（表 4-3）（李慧昱，2017）；微量元素水溶肥料固体产品，执行标准为农业部行业标准 NY 1428—2010（表 4-4）；含腐植酸水溶肥料（大量元素型）固体产品和含腐植酸水溶肥料（微量元素型）固体产品，执行标准为 NY 1106—2010（表 4-5 和表 4-6）（梅广林，2017；高亮等，2017；安华和马坤佳，2017）；含氨基酸水溶肥料（中量元素型）固体产品和含氨基酸水溶肥料（微量元素型）固体产品，执行标准为 NY 1429—2010（表 4-7 和表 4-8）；有机水溶肥料固体产品，该产品无国家或农业行业标准，执行企业标准（彭晓丽，2017）。

表 4-1　大量元素水溶肥料（中量元素型）固体产品技术指标（NY 1107—2010）

项目	指标
大量元素含量 [a]/%	≥50.0
中量元素含量 [b]/%	≥1.0
水不溶物含量/%	≤5.0
pH（1∶250 倍稀释）	3.0～9.0
水分（H_2O）/%	≤3.0

注：[a] 大量元素含量指总 N、P_2O_5、K_2O 含量之和。产品应至少包含两种大量元素。单一大量元素含量不低于 4.0%。

[b] 中量元素含量指钙、镁元素含量总和。产品应至少包含一种中量元素。含量不低于 0.1% 的单一中量元素均应计入中量元素含量中。

表 4-2　大量元素水溶肥料（微量元素型）固体产品技术指标（NY 1107—2010）

项目	指标
大量元素含量 a/%	≥50.0
微量元素含量 b/%	0.2～3.0
水不溶物含量/%	≤5.0
pH（1：250 倍稀释）	3.0～9.0
水分（H_2O）/%	≤3.0

注：a 大量元素含量指总 N、P_2O_5、K_2O 含量之和。产品应至少包含两种大量元素。单一大量元素含量不低于
　　4.0%。
　　b 微量元素含量指铜、铁、锰、锌、硼、钼元素含量总和。产品应至少包含一种微量元素。含量不低于
　　0.05%的单一微量元素均应计入微量元素含量中。钼元素含量不高于 0.5%。

表 4-3　中量元素水溶肥料固体产品技术指标（NY 2266—2012）

项目	指标
中量元素含量 a/%	≥10.0
水不溶物含量/%	≤5.0
pH（1：250 倍稀释）	3.0～9.0
水分含量（H_2O）/%	≤3.0

注：a 中量元素含量指钙含量或镁含量或钙镁含量之和。含量不低于 1.0%的钙或镁元素均应计入中量元素含
　　量中。硫元素不计入中量元素含量，仅在标识中标注。

表 4-4　微量元素水溶肥料固体产品技术指标（NY 1428—2010）

项目	指标
微量元素含量 a/%	≥10.0
水不溶物含量/%	≤5.0
pH（1：250 倍稀释）	3.0～10.0
水分（H_2O）/%	≤6.0

注：a 微量元素含量指铜、铁、锰、锌、硼、钼元素含量之和。产品应至少包含一种微量元素。含量不低于 0.05%
　　的单一微量元素均应计入微量元素含量中。钼元素含量不高于 1.0%（单质含钼微量元素产品除外）。

表 4-5　含腐植酸水溶肥料（大量元素型）固体产品技术指标（NY 1106—2010）

项目	指标
腐植酸含量/%	≥3.0
大量元素含量 a/%	≥20.0
水不溶物含量/%	≤5.0
pH（1：250 倍稀释）	4.0～10.0
水分（H_2O）/%	≤5.0

注：a 大量元素含量指总 N、P_2O_5、K_2O 含量之和。产品应至少包含两种大量元素。单一大量元素含量不低于
　　2.0%。

表 4-6 含腐植酸水溶肥料(微量元素型)固体产品技术指标(NY 1106—2010)

项目	指标
腐植酸含量/%	≥3.0
大量元素含量ᵃ/%	≥6.0
水不溶物含量/%	≤5.0
pH(1:250 倍稀释)	4.0~10.0
水分(H₂O)/%	≤5.0

注:ᵃ 微量元素含量指铜、铁、锰、锌、硼、钼元素含量之和。产品应至少包含一种微量元素。含量不低于 0.05%的单一微量元素均应计入微量元素含量中。钼元素含量不高于 0.5%。

表 4-7 含氨基酸水溶肥料(中量元素型)固体产品技术指标(NY 1429—2010)

项目	指标
游离氨基酸含量/%	≥10.0
中量元素含量ᵃ/%	≥3.0
水不溶物含量/%	≤5.0
pH(1:250 倍稀释)	3.0~9.0
水分(H₂O)/%	≤4.0

注:ᵃ 中量元素含量指钙、镁元素含量之和。产品应至少包含一种中量元素。含量不低于 0.1%的单一中量元素均应计入中量元素含量中。

表 4-8 含氨基酸水溶肥料(微量元素型)固体产品技术指标(NY 1429—2010)

项目	指标
游离氨基酸含量/%	≥10.0
微量元素含量ᵃ/%	≥2.0
水不溶物含量/%	≤5.0
pH(1:250 倍稀释)	3.0~9.0
水分(H₂O)/%	≤4.0

注:ᵃ 微量元素含量指铜、铁、锰、锌、硼、钼元素含量之和。产品应至少包含一种微量元素。含量不低于 0.05%的单一微量元素均应计入微量元素含量中。钼元素含量不高于 0.5%。

4.1.2.2 生产工艺

固体水溶肥的生产工艺有物理混配法和化学合成法两种。其中,物理混配法比较简单,所有厂家和个人均可配置,而化学合成法则必须在相应的生产系统和一定的生产条件下才能完成。目前,这两种生产方法技术都相当成熟(张强等,2017;桑亮亮等,2015)。

(1)物理混配法

物理混配法就是将生产固体水溶肥的原料根据所生产产品的技术指标和配方

按相应比例，通过预处理剂（粉碎机）、混料机、筛分机、包装机等设备，采用物理混合的方式直接生产水溶肥的方法。该方法由于操作简单、技术含量低，所以使得企业缺乏核心竞争力和可持续发展能力，也导致水溶肥行业的无序竞争。该方法生产的水溶肥受原料形状、粒度、色泽等的影响产品外观较差，同时，如果在原料选择和混配过程中无相应的科学技术支持也会使产品在存放和使用过程中发生板结和析出沉淀的现象。但该方法的优点在于终端用户在有原料的基础上可根据自己对养分的需求任意生产和使用（王颖和赵丹，2017）。

物理混配法的生产工艺流程相对简单，其生产工艺可简述为原料混配→原料粉碎→原料筛分→定量包装。其机械化自动生产工艺流程如图 4-1 所示。

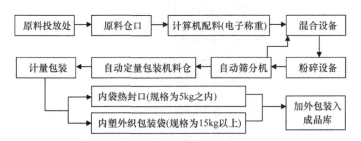

图 4-1　物理混配法固体水溶肥机械化自动生产工艺流程简图

（2）化学合成法

化学合成法是将制备水溶肥所需原料在一定的温度、酸碱度等控制条件下，经过溶解、过滤除杂、反应、蒸发浓缩、冷却结晶等一系列特定的化学反应及工艺过程后，最终通过结晶分离得到全水溶的结晶水溶肥产品。采用化学合成方法生产固体水溶肥产品，要求所有原料必须在生产系统的液相中进行全化学反应。其技术难点在于液相中的全化学反应合成过程存在两相、三相甚至多相的循环溶液，在低温冷却结晶的过程中就会出现共结晶现象，即产品在析出过程中会生成较为复杂的复盐，从而导致所生产的水溶肥产品的养分含量出现波动，往往和预期产品的配方不一致（杨双峰等，2015）。因此，用该方法生产固体水溶肥必须进行大量的生产性试验及开展生产工艺技术研究。但该方法由于在生产过程中进行了全化学反应和多级过滤，生产的固体水溶肥产品具有外观好、品相均匀、性状稳定、不吸潮结块、百分百全水溶等特点，其速溶性和吸收率比物理混配法更好，产品酸碱度也更容易控制。目前的高端水溶肥生产基本采用此方式进行。化学合成水溶肥的工艺目前已日趋成熟，但由于生产过程能耗较大，工艺复杂使得产品价格较高，应用推广难度较大，但由于该生产技术生产的固体水溶肥产品品质更优，所以其必将会成为固体水溶肥未来生产的主要技术（闫湘等，2015）。

化学合成法的生产工艺流程相对复杂，其生产工艺可简述为原料选取→反应釜液相反应条件的生成→原料投放→定量包装。其机械化自动生产工艺流程如图4-2所示。

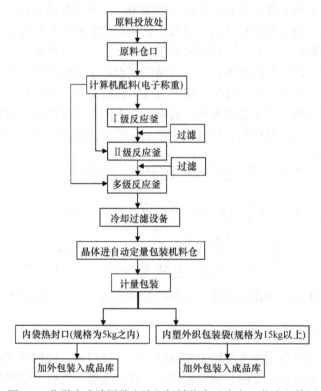

图 4-2   化学合成法固体水溶肥机械化自动生产工艺流程简图

4.1.2.3　设备选型配套

（1）物理混配法的配套设备

物理混配法由于其生产工艺简单，所以设备也比较简单，甚至终端用户可使用人工掺混的方式进行配制，规模化种植的农场也可使用搅拌机搅拌混配的方式进行配制，如果是工厂化生产则需要有相应的设备来进行固体水溶肥的生产。

以工厂化物理混配法机械自动化生产固体水溶肥为例，其生产线由六大系统组成，分别为全自动配料系统、称重系统、输送系统、自动混合系统、自动包装系统、智能化入库系统。具体设备有：计算机控制中心设备、电子称重设备、搅拌机、粉碎机、筛分机、自动定量包装机、热封口机、传送带、原料提升机、生产线总控制柜与电气控制系统等，以上设备市场上均有成熟产品，可根据生产规模确定相应的设备型号，将这些设备经一定的土建工程连接，即可组装成一套机械自动化固体水溶肥生产线。但在设备的选择上应遵循以下原则：一是设备材料应选用符合防腐蚀的要求；二是设备能方便清理干净；三是所有接触物料部件为不锈钢；四是计量设备要精确，配料和定量包装机的精度应达到±0.5%；五是在设备组装过程中应安装多个进料仓和配料系统；六是设备安装应紧凑，可实现节能高效；七是应选用操作维修方便、性能稳定、故障率低的设备；八是根据生产规模确定相应设备的型号，所有辅助设备与主设备应相配套。

（2）化学合成法的配套设备

化学合成法的制备过程由于是在一定的温度、酸碱度等条件下进行的，同时需经过溶解、过滤除杂、反应、蒸发浓缩、冷却结晶等一系列特定的化学反应，所以所需设备的精度、材质均高于物理混配法的设备，其生产线也是由七大系统组成，分别为全自动配料系统、称重系统、输送系统、液相反应系统、过滤系统、自动包装系统、智能化入库系统，其中部分设备或全部设备均需密封。具体设备有：计算机控制中心设备、电子称重设备、反应釜、过滤器、冷却结晶池、自动定量包装机、封口机、传送带、原料提升机、生产线总控制柜与电气控制系统等，以上设备市场上均有成熟产品，可根据生产规模确定相应的设备型号，也可根据生产需求定制相应的设备，以上设备经过严密组装即可组装成一套机械自动化固体水溶肥化学合成法生产线。其在设备的选择上与物理混配法的配套设备选择原则相同，只是在设备材质选择上要有更高的标准，同时，安装时需密封的设备必须达到密封要求。

4.1.2.4　以年产 10 万 t 固体粉状水溶肥为例说明其生产工艺技术参数

近年来，国内市场上出现的固体水溶肥多以物理掺混为主，这也是目前我国固体水溶肥的主要生产方法，且多数生产厂家的固体粉状水溶肥生产设备的产能在 5 万～15 万 t。以年产 10 万 t 固体粉状水溶肥为例，说明其主要设备选型、生产技术参数（表 4-9）。

表 4-9　年产 10 万 t 固体水溶肥生产系统、设备组成及相关参数

序号	系统	设备名称	技术参数	单位	数量
1	投料开袋站及除尘系统	1.1 粉料投料开袋站及除尘系统	含投料仓，振动下料附件，304 不锈钢（厚度为 2mm），投料口预留带有法兰短接的物料进口，电机功率：3kW×5	套	5
		1.2 防尘投料间	3m³，含三面箱体、三面吸尘、挂帘等		
		1.3 过滤格栅	间距 5mm，304 不锈钢（厚度为 1mm）		
2	原料仓及自动卸料系统	2.1 预混原料仓	2m³，304 不锈钢（厚度为 4mm）	台	1
		2.2 螺带混合机	0.5m³，304 不锈钢（厚度为 4mm），电机功率：7.5kW	台	1
		2.3 原料仓	2m³，304 不锈钢（厚度为 4mm）	台	4
		2.4 上下连接法兰	304 不锈钢（厚度为 1mm）	套	5

序号	系统	设备名称	技术参数	单位	数量
3	卧式螺杆给料装置	3.1 卧式螺旋自动给料装置	0.5m³, 304 不锈钢（厚度为 4mm），电机功率：2.2kW×5	套	5
4	称重系统	4.1 静态称重机	1）称量斗 5 件，容积 2m³, 304 不锈钢（厚度为 3mm） 2）不锈钢称重传感器及其悬挂系统 5 套。控制仪表 3）称量系统支承架 5 组 4）秤斗开关门机构 5 套，304 不锈钢（厚度为 1mm）结构，气动开关料门 5）变频供料螺旋直径为 159 型	套	1
5	自动混合系统	5.1 螺带混合机	2m³, 304 不锈钢（厚度为 2mm），电机功率：22kW	套	1
		5.2 侧向开合式上盖	304 不锈钢（厚度为 2mm）		
		5.3 嵌入式自动卸料机构	304 不锈钢（厚度为 3mm）		
		5.4 缓冲防尘下出料接口	304 不锈钢（厚度为 3mm）		
		5.5 安全互锁装置	/		
		5.6 断电关门锁止装置	/		
		5.7 水平供料螺旋	/		
		5.8 操作盘与电控系统	/		
6	不锈钢斗式提升机	6.1 大料仓及平螺旋	2m³, 304 不锈钢（厚度为 4mm），电机功率：5.5kW	套	1
7	分料器	7.1 料仓及分料螺旋	2m³, 304 不锈钢（厚度为 4mm），电机功率：5.5kW	套	1
8	定量包装机	8.1 含料仓，输送机，封口机	10～25kg/袋，0.2%～0.5%，电机功率：8kW×2	套	2
9	包装机检修平台	/	不锈钢或土建	套	1
10	总控制柜及生产线总控系统（304 不锈钢）	10.1 总控制柜	304 不锈钢（厚度为 2mm）	套	1
		10.2 电气控制系统	含 PLC 程序		
		10.3 电缆、导线、桥架、气管及其他材料	/		

注：电源：AC380V，50Hz。该设备总功率约 90kW，耗气量：约 15m³/min，气压：0.5～0.6MPa

4.1.3 液体水溶肥

4.1.3.1 类型

液体水溶肥要求产品必须为均匀的液体，当前的液体水溶肥主要有 7 个种类。大量元素水溶肥料（中量元素型）液体产品和大量元素水溶肥料（微量元素型）液体产品，执行标准为农业部行业标准 NY 1107—2010（表 4-10 和表 4-11）；中量元素水溶肥料液体产品，执行标准为农业部行业标准 NY 2266—2012（表 4-12）；微量元素水溶肥料液体产品，执行标准为农业部行业标准 NY 1428—2010（表 4-13）；

含腐植酸水溶肥料(大量元素型)液体产品,执行标准为 NY 1106—2010(表 4-14);含氨基酸水溶肥料（中量元素型）液体产品和含氨基酸水溶肥料（微量元素型）液体产品,执行标准为 NY 1429—2010（表 4-15 和表 4-16）（王亮亮等,2015;李玉顺等,2016）。

表 4-10　大量元素水溶肥料（中量元素型）液体产品技术指标（NY 1107—2010）

项目	指标
大量元素含量 [a]/（g/L）	≥500
中量元素含量 [b]/（g/L）	≥10
水不溶物含量/（g/L）	≤50
pH（1∶250 倍稀释）	3.0～9.0

注: [a] 大量元素含量指总 N、P_2O_5、K_2O 含量之和。产品应至少包含两种大量元素。单一大量元素含量不低于 40g/L。
[b] 中量元素含量指钙、镁元素含量之和。产品应至少包含一种中量元素。含量不低于 1g/L 的单一中量元素均应计入中量元素含量中。

表 4-11　大量元素水溶肥料（微量元素型）液体产品技术指标（NY 1107—2010）

项目	指标
大量元素含量 [a]/（g/L）	≥500
微量元素含量 [b]/（g/L）	2～30
水不溶物含量/（g/L）	≤50
pH（1∶250 倍稀释）	3.0～9.0

注: [a] 大量元素含量指总 N、P_2O_5、K_2O 含量之和。产品应至少包含两种大量元素。单一大量元素含量不低于 40g/L。
[b] 微量元素含量指铜、铁、锰、锌、硼、钼元素含量之和。产品应至少包含一种微量元素。含量不低于 0.5g/L 的单一微量元素均应计入微量元素含量中。钼元素含量不高于 5g/L。

表 4-12　中量元素水溶肥料液体产品技术指标（NY 2266—2012）

项目	指标
中量元素含量 [a]/（g/L）	≥100
水不溶物含量/（g/L）	≤50
pH（1∶250 倍稀释）	3.0～9.0

注: [a] 中量元素含量指钙含量或镁含量或钙镁含量之和。含量不低于 10g/L 的钙或镁元素均应计入中量元素含量中。硫元素不计入中量元素含量,仅在标识中标注。

表 4-13　微量元素水溶肥料液体产品技术指标（NY 1428—2010）

项目	指标
微量元素含量 [a]/（g/L）	≥100
水不溶物含量/（g/L）	≤50
pH（1∶250 倍稀释）	3.0～10.0

注: [a] 微量元素含量指铜、铁、锰、锌、硼、钼元素含量之和。产品应至少包含一种微量元素。含量不低于 0.5g/L 的单一微量元素均应计入微量元素含量中。钼元素含量不高于 10g/L（单质含钼微量元素产品除外）。

表 4-14　含腐植酸水溶肥料（大量元素型）液体产品技术指标（NY 1106—2010）

项目	指标
腐植酸含量/（g/L）	≥30
大量元素含量[a]/（g/L）	≥200
水不溶物含量/（g/L）	≤50
pH（1：250 倍稀释）	4.0～10.0

注：[a] 大量元素含量指总 N、P_2O_5、K_2O 含量之和。产品应至少包含两种大量元素。单一大量元素含量不低于 20g/L。

表 4-15　含氨基酸水溶肥料（中量元素型）液体产品技术指标（NY 1429—2010）

项目	指标
游离氨基酸含量/（g/L）	≥100
中量元素含量[a]/（g/L）	≥30
水不溶物含量/（g/L）	≤50
pH（1：250 倍稀释）	3.0～9.0

注：[a] 中量元素含量指钙、镁元素含量之和。产品应至少包含一种中量元素。含量不低于 1g/L 的单一中量元素均应计入中量元素含量中。

表 4-16　含氨基酸水溶肥料（微量元素型）液体产品技术指标（NY 1429—2010）

项目	指标
游离氨基酸含量/（g/L）	≥100
微量元素含量[a]/（g/L）	≥20
水不溶物含量/（g/L）	≤50
pH（1：250 倍稀释）	3.0～9.0

注：[a] 微量元素含量指铜、铁、锰、锌、硼、钼元素含量之和。产品应至少包含一种微量元素。含量不低于 0.5g/L 的单一微量元素均应计入微量元素含量中。钼元素含量不高于 5g/L。

4.1.3.2　生产工艺

　　液体水溶肥的生产工艺为溶解法，即在液相条件下将生产目标产品所需原料溶解于对应的液体中即可，其生产工艺的主要技术难点在特殊溶剂的制备和某些溶质的选择上，如含腐植酸水溶肥和含氨基酸水溶肥，制备溶解能力强、富含腐植酸和氨基酸的溶剂至关重要，在需要添加微量元素的液体水溶肥中，选择适合在液相条件下不被固定的微量元素成为关键，在液体水溶肥中通常使用螯合态微量元素，以防止微量元素被沉淀固定失去营养效用（崔海涛，2016）。

　　液体水溶肥的生产工艺可简述为原料选取→液相溶剂的制备与用量→原料投放→搅拌→沉淀→定量包装。其机械化自动生产工艺流程如图 4-3 所示。

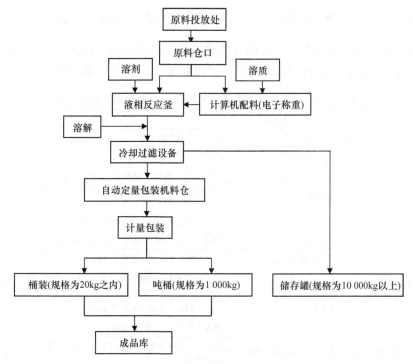

图 4-3　溶解法液体水溶肥机械化自动生产工艺流程简图

4.1.3.3　设备选型分类

　　液体水溶肥的制备过程是在一定的温度、酸碱度等条件下进行的，同时需经过溶解、过滤除杂、冷却等一系列物理过程，所以所需设备的精度、材质均应符合液体水溶肥的生产要求，其生产线由六大系统组成，分别为全自动配料系统、输送系统、液相溶解系统、过滤系统、自动包装系统、智能化入库系统，其中部分设备或全部设备均需密封。具体设备有：计算机控制中心设备、电子称重设备、液相反应釜、过滤器、自动定量分装机、压盖机、传送管道、原料提升机、生产线总控制柜与电气控制系统等。根据生产需求定制设备，经过严密组装即可组装成一套机械自动化液体水溶肥化学合成法生产线。其在设备和原料的选择上应遵循以下原则：一是设备材料应选用符合防腐蚀的要求；二是设备能方便清理干净；三是所有接触物料部件为不锈钢或耐腐蚀塑料；四是计量设备要精确，配料和定量包装机的精度应达到±0.5%；五是在设备组装过程中应安装多个进料仓和配料系统；六是设备安装应紧凑，可实现节能高效；七是应选用操作维修方便、性能稳定、故障率低的设备；八是根据生产规模确定相应设备的型号，所有辅助设备与主设备应相配套；九是原料选择上应以各原料在液相环境下不发生沉淀析出为准。

4.1.3.4 以年产 5 万 t 液体水溶肥为例说明其生产工艺技术参数

近年来，国内多数生产厂家的液体水溶肥生产设备的产能在 3 万～5 万 t。以年产 5 万 t 液体水溶肥为例，说明其主要设备选型、生产技术参数（表 4-17）。

表 4-17　年产 5 万 t 液体水溶肥生产系统、设备组成及相关参数

序号	系统	设备名称	技术参数	单位	数量
1	原液制备或储存系统（任选一）	1.1 原液制备反应釜	2m³，带有防腐功能	套	1
		1.2 原液存储罐	2m³，根据原液特性设计		
2	投料开袋站及除尘系统	2.1 粉料投料开袋站及除尘系统	含投料仓，振动下料附件，304 不锈钢（厚度为 2mm），投料口预留带有法兰短接的物料进口，电机功率：3kW×5	套	5
		2.2 防尘投料间	3m³，含三面箱体、三面吸尘、挂帘等		
		2.3 过滤格栅	间距 5mm，304 不锈钢（厚度为 1mm）		
3	原料仓及自动卸料系统	3.1 预混原料仓	1m³，304 不锈钢（厚度为 4mm）	台	1
		3.2 螺带混合机	0.25m³，304 不锈钢（厚度为 4mm），电机功率：5.0kW	台	1
		3.3 原料仓	1m³，304 不锈钢（厚度为 4mm）	台	4
		3.4 上下连接法兰	304 不锈钢（厚度为 1mm）	套	5
4	卧式螺杆给料装置	4.1 卧式螺旋自动给料装置	0.25m³，304 不锈钢（厚度为 4mm），电机功率：2.2kW×5	套	5
5	称重系统	5.1 静态称重机	1）称量斗 5 件，容积 2m³，304 不锈钢（厚度为 3mm） 2）不锈钢称重传感器及其悬挂系统 5 套。控制仪表 3）称量系统支承架 5 组 4）秤斗开关门机构 5 套，304 不锈钢（厚度为 1mm）结构，气动开关料门 5）变频供料螺旋直径为 159 型	套	1
6	自动混合系统	6.1 螺带混合机	2m³，304 不锈钢（厚度为 2mm），电机功率：22kW	套	1
		6.2 侧向开合式上盖	（厚度为 2mm）		
		6.3 嵌入式自动卸料机构	304 不锈钢（厚度为 3mm）		
		6.4 缓冲防尘下出料接口	304 不锈钢（厚度为 3mm）		
		6.5 安全互锁装置	/		
		6.6 断电关门锁止装置	/		
		6.7 水平供料螺旋	/		
		6.8 操作盘与电控系统	/		
7	不锈钢斗式提升机	7.1 大料仓及平螺旋	2m³，304 不锈钢（厚度为 4mm），电机功率：5.5kW	套	1
8	分料器	8.1 料仓及分料螺旋	2m³，304 不锈钢（厚度为 4mm），电机功率：5.5kW	套	1
9	液体水溶肥配置系统	9.1 反应釜	2m³，防腐蚀，带搅拌和加热功能，密封	个	1
10	过滤系统	10.1 反应釜	2m³，防腐蚀，带过滤和水泵抽取功能，密封	个	1
11	存储系统	11.1 存储罐	50m³，塑料防腐，底端带流出开关	个	10
12	定量包装机	12.1 输送机，封口机	10～25kg/桶，电机功率：8kW×2	套	1

续表

序号	系统	设备名称	技术参数	单位	数量
13	包装机检修平台	/	不锈钢或土建	套	1
14	总控制柜及生产线总控系统（304 不锈钢）	14.1 总控制柜	304 不锈钢（厚度为 2mm）	套	1
		14.2 电气控制系统	含 PLC 程序		
		14.3 电缆、导线、桥架、气管及其他材料	/		

注：电源：AC380V，50Hz；总功率：约 50kW

（本节作者：冯守疆、车宗贤）

4.2　微生物肥料生产工艺及设备

4.2.1　微生物肥料概述

4.2.1.1　微生物肥料的定义

微生物肥料是指含有特定微生物活体的制品，应用于农业生产，通过其中所含微生物的生命活动，增加植物养分的供应量或促进植物生长，提高产量，改善农产品品质及农业生态环境，执行标准为 NY/T 1113—2006。

4.2.1.2　微生物肥料的分类

微生物肥料包括微生物接种剂、复合微生物肥料和生物有机肥。我国农业部批准登记的微生物肥料有 11 种，目前登记在册的微生物肥料相关产品有 9 种。全国登记产品包括微生物菌剂（含固氮菌剂、溶磷菌剂、硅酸盐菌剂）、生物有机肥、复合微生物肥料、有机物料腐熟剂、根瘤菌剂、光合细菌菌剂、农用微生物菌剂、内生菌根菌剂和生物修复菌剂，其中以微生物菌剂、生物有机肥和复合微生物肥料占绝对主导地位，其总量占产品登记总量的 93.8%（王婉婷和邓毅书，2018）。

每一类微生物肥料都有一种对应的国家标准/行业标准。农用微生物菌剂，执行标准：GB 20287—2006；生物有机肥，执行标准：NY 884—2012；复合微生物肥料，执行标准：NY/T 798-2015。三种微生物肥料的产品技术指标要求见表 4-18。

4.2.1.3　微生物肥料的生产要求

微生物肥料起作用的核心是肥料中特定的微生物，它们的数量和纯度直接关系到微生物肥料的应用效果（葛诚，1994）。因此，微生物肥料的生产工艺必须

表 4-18 微生物肥料产品技术指标要求

项目	复合微生物肥料		生物有机肥	农业微生物菌剂		
	液体	固体		液体	粉剂	颗粒
有效活菌数 cfu，亿/g（ml）	≥0.5	≥0.2	≥0.2	≥2.0	≥2.0	≥1.0
总养分（N+P₂O₅+K₂O）/%	6.0～20	8.0～25	/	/	/	/
有机质（以烘干基计）/%		≥20	≥40	/	/	/
杂菌率/%	≤15	≤30	/	≤10	≤20	≤30
水分/%	/	≤30	≤30	/	≤35	≤20
pH	5.5～8.5	5.5～8.5	5.5～8.5	5.0～8.0	5.5～8.5	5.5～8.5
粪大肠菌群/（个/g（ml））	≤100	≤100	≤100	≤100	≤100	≤100
蛔虫卵死亡率/%	≥95	≥95	≥95	≥95	≥95	≥95
有效期/月	≥3	≥6	≥6	≥3	≥6	≥6

符合微生物学的要求，生产过程必须具备以下条件：①优良菌种。在实验室筛选适应性强、抗逆性强、肥效好、对人畜植物无害的优良菌种，对其发酵的条件、作用机制及特性必须了解。②有一套符合微生物学要求的生产工艺。发酵设备应严密，能够防止各环节的污染。培养基配方、pH、温度、通气量、吸附剂的选择和灭菌等均应符合该种微生物的要求。③筛选适合菌株生存的载体（吸附剂）。载体是液体培养的菌体的栖息处，对于在一定时期内维持微生物肥料中特定的微生物数量有十分重要的作用。所以，载体是具有一定营养的、疏松的、颗粒很小的、pH 为中性的物质（不是中性，用前应调整到中性），用前应灭菌。

4.2.2 液体微生物菌剂的生产工艺流程

4.2.2.1 生产前的准备工作

（1）菌种的选育

1）生产用菌种的活化和鉴定。菌种的活化：将冷冻或冷藏的菌种在无菌条件下，用无菌接种环沾取一环，在平板上划线，然后在 30℃培养箱中培养 1～2 天，挑取单一菌落再划线到平板上培养。菌种的鉴定：主要包括纯度鉴定、生产性能的检查、有无突变。菌种的自发突变往往存在两种可能性：一种是菌种衰退，生产性能下降；另一种是代谢更加旺盛，生产性能提高。利用自发突变而出现的菌种性状的变化，选育出优良菌种。

2）如菌种已发生功能性改变或被杂菌污染，还需要进行菌种的纯化或复壮。复壮，是指对已衰退的菌种（群体）进行纯种分离和选择性培养，使其中未衰退的个体获得大量繁殖，重新成为纯种群体的措施。

（2）培养基的配制

在规模生产之前，还要通过实验室中试，确定该菌群的最适发酵培养基的成分与比例。

1）原料：碳源，氮源，生长因子，无机盐和水。

2）原则：目的要明确，营养要协调，pH 要适宜。

（3）发酵过程中最适条件的确定

发酵过程是发酵的中心阶段。关键是控制发酵的条件，如温度、pH、溶氧、通气量与转速等。各种环境条件的变化，不仅会影响菌种的生长繁殖，还会影响菌种代谢产物的形成。影响发酵过程的因素主要有以下几个方面。

温度：温度影响酶的活性。在最适温度范围内，随着温度的升高，菌体生长和代谢加快，发酵反应的速率加快。当超过最适温度范围以后，随着温度的升高，酶很快失活，菌体衰老，发酵周期缩短，产量降低。温度也能影响生物合成的途径。通常，必须通过实验来确定不同菌种各发酵阶段的最适温度，采取分段控制。

pH：pH 对微生物的生命活动有很大的影响，主要有以下几个方面：一是使蛋白质、核酸等生物大分子所带电荷发生变化，从而影响生物活性。二是影响细胞膜的带电荷状况。细胞膜的带电荷状况如果发生变化，膜的透性也会改变，从而有可能影响微生物对营养物质的吸收及代谢产物的分泌。三是改变酶活和酶促反应的速率及代谢途径，如酵母菌在 pH 4.5～5 产生乙醇，在 pH 6.5 以上产生甘油和酸。四是 pH 还会影响培养基中营养物质的分解等。因此，应控制发酵液的 pH。但不同菌种生长阶段和合成产物阶段的最适 pH 往往不同，需要分别加以控制。在发酵过程中，随着菌体对营养物质的利用和代谢产物的积累，发酵液的 pH 必然会发生变化（陈飞燕，2009）。

溶解氧：氧的供应对需氧发酵来说，是一个关键因素。好氧型微生物对氧的需要量很大，但在发酵过程中菌种只能利用发酵液中的溶解氧，然而氧很难溶于水。在 101.32kPa、25℃时，氧在水中的溶解度为 0.26mmol/L。在同样条件下，氧在发酵液中的溶解度仅为 0.20mmol/L，而且随着温度的升高，溶解度还会下降。因此，必须向发酵液中连续补充大量的氧，并要不断地进行搅拌，这样可以提高氧在发酵液中的溶解度。

泡沫：在发酵过程中，通气搅拌、微生物的代谢过程及培养基中某些成分的分解等，都有可能产生泡沫。发酵过程中产生一定数量的泡沫是正常现象，但过多的持久性泡沫对发酵是不利的。因为泡沫会占据发酵罐的容积，影响通气和搅拌的正常进行，甚至导致代谢异常，因而必须消除泡沫。常用的消泡沫措施有两类：一类是安装消泡沫挡板，通过强烈的机械振荡，促使泡沫破裂；另一类是使用消泡沫剂。

4.2.2.2 实验室菌种的活化与种子培养阶段

1）将冷冻保藏管中的菌种在斜面中活化（30℃，24h），并在平板上进行纯化（30℃，24h）。最终得到斜面菌种。

2）摇瓶培养阶段：取 3~4 环纯化后的菌种，接入装量为 300ml 种子培养基的 500ml 三角瓶中，置于 180r/min 摇床中培养（30℃，24h）。

4.2.2.3 生产车间多级种子罐发酵阶段

二级种子罐重复图 4-4 中的操作和参数控制。其中，由摇瓶菌种向一级种子罐

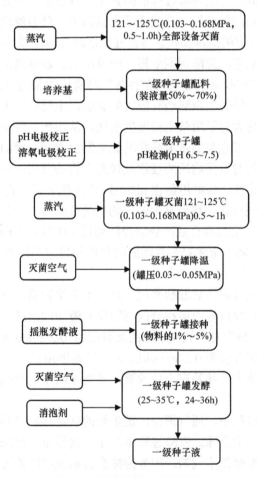

图 4-4 发酵阶段工艺流程图

的接种量，控制在一级种子罐实际装料量的 1.0%～5.0%；pH 控制在 6.5～7.5；发酵温度控制在 25～35℃；装料量控制在种子罐公称容积的 60%左右。搅拌转速控制为 250r/min。二级种子罐的具体工艺操作和参数控制与一级种子罐大体相同。二级种子罐培养基成分应尽可能地接近主体发酵罐培养基成分。通过上述二级种子罐发酵培养，我们大致可以得到 450L 的发酵种子液。计算如下：$0.6 \times 0.01 \times V = 0.225L$，由此可得 $V=37.5L$，即通过一级种子发酵，我们可以得到 22.5L 的发酵菌体或菌丝。二级种子罐的接种量为 5%。即通过二级种子发酵，我们大致可以得到 450L 的二级种子发酵液。

4.2.2.4　主体发酵阶段

1）发酵罐主要部件的设计与选型（主要设备选型见 4.2.2.5 节，具体设计部分见 4.2.2.6 节）。

主要部件包括：罐体、搅拌器、联轴器、轴承、轴封、挡板、空气分布器、换热装置、传动装置、消泡器、人孔试镜及管路等。

2）通过实验我们可以知道：最佳装液量为 50%～70%的罐体公称容积；最佳接种量为 1.0%～5.0%的实际装液量；发酵温度控制在 25～35℃；pH 控制在 6.8～7.2；搅拌转速为 180～250r/min，转速过快会对菌丝体产生破坏，转速过慢易产生发酵泡沫，而且会因为溶解氧不足而影响微生物的生长繁殖。

3）通过镜检来观察微生物菌体的形态、密度，以及芽孢形成率≥80%，最终来确定发酵时间和发酵终点。我们一般选取对数生长末期的菌体菌丝作为发酵终点。因为此时微生物代谢活性最高，菌体数目最多。

4）主体发酵罐操作工艺流程框图如图 4-5 所示。

4.2.2.5　菌剂发酵生产主要设备的选型

菌剂发酵生产主要设备选型见表 4-19 和表 4-20。

4.2.2.6　发酵罐主体部件的设计

发酵罐的种类很多，但是由于其他类型发酵罐产品的应用范围较窄，其推广程度远不如机械搅拌发酵罐，约 92%的发酵工厂使用机械搅拌发酵罐。它的主要部件包括：罐体、搅拌器、联轴器、轴承、轴封、挡板、空气分布器、换热装置、传动装置、消泡器、人孔试镜及管路等。

（1）罐体计算

设计月生产量 270t，则日平均产量为 9t。设计有效装液量为罐体公称容积的 60%，则可知 $V=15\ 000L$。

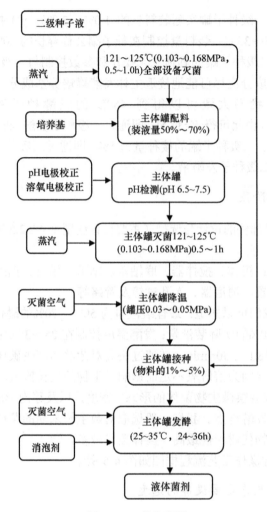

图 4-5 工艺流程图

表 4-19 菌剂发酵生产主要设备的选型

发酵级别	发酵液总量	理论装液系数	实际装液率	需要设备容量	选用设备数量	设备型号
摇瓶种子	0.225L	8%~20%	8%	250ml 三角瓶	12	500ml 三角瓶
一级种子	22.5L	60%~70%	60%	37.5L 一级种子罐	1	40L 发酵罐
二级种子	450L	60%~70%	60%	750L 二级种子罐	1	750L 发酵罐
生产发酵	9 000L	60%~70%	60%	15 000L 主体发酵罐	1	15 000L SDL 系列 不锈钢多联发酵系统

表 4-20　菌剂发酵生产附属设备的选型参数

设备名称	容积流量/蒸发量	型号	备注
空气压缩机	60m³/min	SA-75A/W12.3/0.8	喷油螺杆回转式空压机
卧式 1/2t 燃油/气锅炉/蒸汽锅炉	500kg/h	WNS1.0-WNS2.0-1	使用煤气、天然气

一般 $H/D=2.5$（其中，H 为罐体高度，D 为发酵罐内径）较好，现在发展趋势是 H/D 越来越小，已达 1.8 左右。现设计 $H/D=2$，则由 $H/D=2$ 可知罐体高度 $H=4$m，发酵罐内径 $D=2$m。

$$V = \left(\pi D^2 / 4\right)\left[H + 2\left(h_a + D/6\right)\right] \approx \pi D^2 H / 4 + 0.15 D^2$$

式中，V 为发酵罐体积，h_a 为底封头高。

罐体各部分材料多采用不锈钢，罐体必须能承受发酵工作时和灭菌时的工作压力和温度。通常要求耐受 130℃ 和 0.25MPa 的绝对压力。

（2）搅拌器直径和几何尺寸

通用罐 $D/D_1=3$（D 为发酵罐直径，D_1 为搅拌器叶轮直径），只能适合罐容积不太大的场合；当罐较大时，$D/D_1=3\sim4$。根据需要，现设计采用圆盘涡轮式搅拌器。搅拌器叶轮直径 $D_1=1/3D=2/3$m。

（3）封头

采用椭圆形或碟形封头，当 $V<5\mathrm{m}^3$ 时，封头与罐体间采用法兰连接；当 $V>5\mathrm{m}^3$ 时，封头与罐体间采用焊接。

（4）挡板

挡板的作用是防止液面中央产生旋涡，促使液体激烈翻动，提高溶解氧。挡板宽度为（0.1～0.12）D。当满足全挡板条件时，增加罐内附件，轴功率不变。

$WZ/D=0.5$，即（0.1～0.12）$Z=5$，即挡板宽度 $W=0.2$m。
式中，W 为挡板宽度，Z 为挡板数，D 为发酵罐直径。

（5）管口位置

人孔：为了便于操作和维修，封头上的人孔离操作层高度在 0.7m 左右，大小为 500mm×450mm，封头上其他管口在满足工艺的同时应方便操作。

检测点：在下搅拌与第二档搅拌之间。

空气管：可开在封头上，也可开在罐身上。

取样口：开在罐身上。

冷却水管口：夹套冷却，冷却水进口在罐底，出口在罐身上部；冷却管冷却，进出口多在上部。

物料出口：开在罐底，稍微偏离罐底中心，也可开在罐身或罐顶，由一根管插入接近罐底最底处。

补料管：消泡剂、流加糖从罐顶加入；氨水、液氨从空气管道加入。

消泡电极：接口在罐顶封头上。

（6）罐装料容积的计算

公称容积：罐身部分和底封头的容积之和（与储罐相区别）。

$$V=V_1+V_2=\pi D^2（H_0+h_a+D/6）/4（h_a 可忽略不计）$$

罐实际装料量：$V_0=V\times\eta$（$\eta=0.6\sim0.85$）

圆筒部分装料高度：

$$H_L=4（V\times\eta-V_封）/\pi D^2$$

液柱高度：$H=H_L+h_a+h_b$

式中，V 为公称容积；V_0 为罐实际装料量；V_1 为罐身容积；V_2 为底封头容积；D 为发酵罐直径；H 为液柱高度；H_0 为罐身高度；H_L 为圆筒部分装料高度；h_a 为底封头高度；h_b 为封头直边高度；η 为装料系数。

（7）空气分布装置

1）单孔管：布置于罐底，结构简单，开口向下式可消除罐底固形物积淀，但对封头冲蚀严重；开口向上式对罐底物料混合不好。

2）多孔环管：在环形管底部钻有许多小孔，气体分布比较均匀，但易使物料堵塞小孔，引起灭菌不彻底。

3）环形多支管：在环形管底部设置 4～6 根"L"形支管，开口均朝发酵罐中心线，结构简单，但对罐底沉积物的清除往往不彻底。

4）一般在发酵工业中通常采用单管空气分布器。空气分布器在搅拌器下方的罐底中间位置，管口向下，空气直接通入发酵罐的底部。管口与罐底距离为 40mm，管径可按空气流速 20m/s 左右计算。

（本节作者：李娟、李永安、车宗贤）

4.3 有机肥料和生物有机肥生产工艺及设备

4.3.1 加快发展有机肥料和生物有机肥的战略意义

据有关研究文献和资料报道，我国随着畜牧养殖业集约化、规模化的发展，全国每年畜禽粪污废弃资源产生量达 19 亿 t，而实际处理率不到 10%（周连仁和姜佰文，2007)。大量畜禽粪污直接排入农业生态系统，引起生态环境的极度恶化，畜禽粪污的污染成为破坏农业环境的主要原因之一。如何有效地处理和处置畜禽粪污废弃资源，使其无害化、减量化、资源化，积极探索农业废弃物资源化利用的方式，已成为国内外农业研究的热点。有机肥料和生物有机肥以其独特的优势为农业废弃物和作物生长搭建起一座桥梁，开辟出一条以"农业废弃物—有机肥料或生物有机肥—作物"为循环模式的农业可持续发展道路是非常重要的途径。

农作物秸秆是全球每年产生量最大的农业废弃物，我国每年的产生量约 7 亿 t（贾小红等，2012)，绝大部分被焚烧，只有少部分用于造纸或直接还田，造成了能源的极大浪费和环境污染。

随着国家对环境保护治理的加强及有机肥替代化肥发展战略的实施，以资源高效和循环利用为核心，以低消耗、低排放、高效率为基本特征是循环农业发展的有效模式。发展循环农业对缓解资源紧缺和改善生态环境，提高农业综合生产能力，保障农产品质量安全，促进农业增效和农民增收都具有重要意义。随着我国农业经济改革的不断深入，农村产业经济得到快速发展，集约化、规模化养殖业，农作物秸秆、农产品加工业下脚料、蔬菜种植加工的尾菜等所产生的大量有机废弃物不仅造成资源的浪费，也给农村生态环境带来很大的压力。与此同时，化肥在农业生产中的大量甚至过量施用，虽然一方面保障了农产品数量，但是也带来了品质下降、土壤酸化、能源和资源浪费等问题。

大量有机废弃资源（如畜禽粪便、作物秸秆、尾菜、餐厨垃圾等）中含有丰富的有机物质和养分，它们也是农作物生产中不可缺少的营养资源。实现农业有机废弃物的有效处理和合理利用，不仅可以实现部分化肥的替代功能，减少能源投入，而且将农业有机废弃物变废为宝，综合利用，化害为利，消除污染，促进并加速代谢物的转化，保持生态环境平衡。

随着养殖业的不断发展和环保要求的严格化，养殖企业急需将集约化、规模化畜禽养殖场粪便进行资源化、减量化、无害化处理。对于技术研究或农业推广部门来说，建设资源节约型、环境友好型农业，缓解农业经济发展与资源匮乏的矛盾离不开有机废弃物资源的肥料化技术，需要积极寻求和探索高效环保的化肥替代品。

随着国家对环境保护治理的加强及农业产业调整和"三绿工程"实施的需求，有机、无公害、绿色、优质、高效生态农业的种植面积将逐年扩大，有机食品、绿色食品生产基地的快速扩大必将形成对有机肥料和生物有机肥的巨大需求。国家对改善生态环境和提升耕地有机质的巨大投入也必将有效拉动农、林、草业施用有机肥料和生物有机肥的迅猛增长。有机肥料和生物有机肥在农、林、草业中起到越来越重要的作用，有机肥料和生物有机肥也迎来了发展的有利时机。以甘肃省为例，截至 2018 年在省农牧厅登记的肥料企业达到 166 家，其中，有机肥生产企业 105 家，占到了肥料企业总数的 63%；全省有机肥产能 50 万 t 左右。工厂化生产的商品有机肥料和生物有机肥实施以质量替代农家有机肥的数量、以优质商品有机肥料和生物有机肥替代化肥的发展战略，给有机肥料和生物有机肥商业化带来了巨大的发展空间和潜在市场。

4.3.2 有机肥料和生物有机肥概述

4.3.2.1 有机肥料执行标准

中华人民共和国农业行业标准 [《有机肥料》（NY 525—2012），见表 4-21 和表 4-22]，范围：本文件规定了有机肥料的技术要求、试验方法、检验规则、标识、包装、运输和贮存。本文件适用于以畜禽粪便、动植物残体和以动植物产品为原料加工的下脚料为原料，并经发酵腐熟后制成的有机肥料。定义：主要来源于植物和（或）动物，经过发酵腐熟的含碳有机物料，其功能是改善土壤肥力、提供植物营养、提高作物品质。要求：外观颜色为褐色或灰褐色，粒状或粉状，均匀，无恶臭，无机械杂质。

表 4-21　有机肥料的技术指标（NY 525—2012）

项目		指标
有机质的质量分数（以烘干基计）/%	≥	45
总养分（氮+五氧化二磷+氧化钾）的质量分数（以烘干基计）/%	≥	5.0
水分（鲜样）的质量分数/%	≤	30
酸碱度（pH）		5.5～8.5

表 4-22　有机肥料中重金属的限量指标要求

项目		指标
总砷（As）（以烘干基计）/（mg/kg）	≤	15
总汞（Hg）（以烘干基计）/（mg/kg）	≤	2
总铅（Pb）（以烘干基计）/（mg/kg）	≤	50
总镉（Cd）（以烘干基计）/（mg/kg）	≤	3
总铬（Cr）（以烘干基计）/（mg/kg）	≤	150

过去，由于农家有机肥料主要是农民就地取材、就地积造的自然肥料，所以也称为农家肥。由于农家肥没有严格的腐熟过程，又加之积造过程中掺进了大量的沙土使农家肥中不但有机质含量低，而且有效养分贫化，肥效很低。但随着商品经济的发展，采用先进技术和工艺设备经工厂化加工生产的有机肥料大量涌现，高质量的商品有机肥料已超出农家肥的局限，向商品化方向发展。工厂化生产

的有机肥料作为商品进入市场销售必须严格执行国家行业标准 NY 525—2012 的要求。

4.3.2.2　生物有机肥执行标准

生物有机肥执行中华人民共和国农业行业标准［《生物有机肥》（NY 884—2012）见，表 4-23 和表 4-24］，范围：本标准规定了生物有机肥的要求、检验方法、检验规则、包装、标识、运输和贮存。定义：指特定功能微生物与主要以动植物残体（如畜禽粪便、农作物秸秆等）为来源并经无害化处理、腐熟的有机物料复合而成的一类兼具微生物肥料和有机肥效应的肥料。要求菌种：使用的微生物菌种应安全、有效，有明确来源和种名。菌株安全性应符合 NY/T 1109—2017 的规定。外观（感官）：粉剂产品应松散、无恶臭味；颗粒产品应无明显机械杂质、大小均匀、无腐败味。

表 4-23　生物有机肥产品的技术指标（NY 884—2012）

项目		指标
有效活菌数（cfu）/（亿/g）	≥	0.20
有机质（以干基计）/%	≥	40.0
水分（H_2O）/%	≤	30.0
pH		5.5~8.5
粪大肠菌群数/（个/g）	≤	100
蛔虫卵死亡率/%	≥	95
有效期/月	≥	6

注：产品剂型包括粉剂和颗粒两种。

表 4-24　生物有机肥产品中 5 种重金属限量指标

项目		指标
总砷（As）（以干基计）/（mg/kg）	≤	15
总镉（Cd）（以干基计）/（mg/kg）	≤	3
总铅（Pb）（以干基计）/（mg/kg）	≤	50
总铬（Cr）（以干基计）/（mg/kg）	≤	150
总汞（Hg）（以干基计）/（mg/kg）	≤	2

生物有机肥实际上是有机肥料的再加工，是特定功能微生物与有机肥料复合而成的一类兼具微生物肥料和有机肥效应的肥料。

生物有机肥除具有有机肥料的作用外，还具有生物肥的作用。例如，具有增进土壤肥力，活化土壤中难溶的化合物供作物吸收利用，或可产生活性物质和抗、抑病物质，对农作物的生长有良好的刺激与调控作用，可减少或降低作物病虫害的发生。

4.3.2.3 有机肥料与生物有机肥的区别

在有机肥料中加入特定功能微生物复合而成后就是生物有机肥。与通过高温发酵（腐熟）所制成的有机肥料相比，生物有机肥除了含有较多的有机质外，还含有其特定功能的微生物，这是此类产品的本质特征，所含微生物应表现出一定的肥料效应，是经过特定工艺加入的微生物菌，生物有机肥产品技术指标中的有效活菌数（cfu）必须大于 0.20 亿/g。

4.3.2.4 有机肥料和生物有机肥的基本作用

（1）提供作物生长所需的养分

有机肥料和生物有机肥富含作物生长所需养分，能源源不断地供给作物生长。除矿质养分以外，有机质在土壤中分解产生二氧化碳，可作为作物光合作用的原料，有利于作物提高产量。提供养分是有机肥料和生物有机肥作为肥料的最基本特性，也是有机肥料和生物有机肥最主要的作用。与化肥相比，有机肥料和生物有机肥在养分供应方面有以下显著特点。

1）养分全面：有机肥料和生物有机肥不仅含有作物生长必需的 N、P、K、S、Ca、Mg、B、Mn、Cu、Fe、Zn、Mo、Cl 等营养元素，还含有其他有益于作物生长的多种维生素、氨基酸、细胞分裂素、植物生长素、植物激素和其他有益元素，可全面促进作物生长。

2）养分释放均匀长久：有机肥料和生物有机肥所含的养分多以有机态形式存在，通过微生物分解转变成为作物可利用的形态，养分可缓慢释放，长久供应作物。比较而言，化肥所含养分均为速效态，施入土壤后，肥效快，但有效供应时间短。纯有机肥料和生物有机肥所含的养分比较低。可在生产加工过程中加入一定量的化肥制成有机-无机复混肥料，或在使用时配合使用化肥，以满足作物旺盛生长期对养分的大量需求。

（2）改良土壤结构，增强土壤肥力

1）提高土壤有机质含量，更新土壤腐殖质组成，培肥土壤：土壤有机质是土壤肥力的重要指标，是形成良好土壤环境的物质基础。土壤有机质由土壤中未分解的、半分解的有机质残体和腐殖质组成。施入土壤中的新鲜有机肥料或生物有机肥在微生物作用下分解转化成简单的化合物，同时经过生物化学的作用，又重新组合成新的、更为复杂的、比较稳定的土壤特有的大分子高聚有机化合物，为黑色或棕色的有机胶体，即腐殖质。腐殖质是土壤中稳定的有机质，对土壤肥力有重要影响。

2）改善土壤物理性状：有机肥料和生物有机肥在腐解过程中产生羟基一类

的配位体，与土壤黏粒表面或羟基聚合物表面的多价金属离子相结合，形成团聚体，加上有机肥料和生物有机肥的密度一般比土壤小，施入土壤的有机肥料和生物有机肥能降低土壤的容重，改善土壤通气状况，减小土壤栽插阻力，使耕性变好。有机质保水能力强，比热容较大，导热性小，颜色又深，较易吸热，调温性好。

3）增加土壤保肥、保水能力：有机肥料和生物有机肥在土壤溶液中解离出氢离子，具有很强的阳离子交换能力，施用有机肥料和生物有机肥可增强土壤的性能。土壤矿物颗粒的吸水量最高为 50%～60%，腐殖质的吸水量为 400%～600%，施用有机肥料和生物有机肥，可增加土壤持水量，一般可达 10 倍左右。有机肥料和生物有机肥既具有良好的保水性，又可通过优化土壤结构增强土壤透水性。因此，能缓和土壤干湿之差，使作物根部土壤环境不至于水分过多或过少。

（3）提高土壤生物活性，刺激作物生长

有机肥料和生物有机肥是微生物获得能量和养分的主要来源，施用有机肥料或生物有机肥，有利于土壤微生物活动，促进作物生长发育。微生物在活动中或死亡后所排出的物质，不只是氮、磷、钾等无机养分，还能产生谷氨酸、脯氨酸等多种氨基酸，多种维生素，还有细胞分裂素、植物生长素、赤霉素等植物激素。少量的维生素与植物激素，就可给作物的生长发育带来巨大影响。

（4）提高解毒效果，净化土壤环境

有机肥料和生物有机肥具有解毒作用。例如，增施鸡粪或羊粪等有机肥料或生物有机肥后，土壤中有毒物质对作物的毒害可大大减轻或消失。有机肥料和生物有机肥的解毒原因在于有机肥料和生物有机肥能提高土壤阳离子代换量，增加对有毒阳离子的吸附。同时，有机质分解的中间产物与有毒阳离子发生螯合作用形成稳定性络合物而解毒，有毒的可溶性络合物可随水下渗或排出农田，提高了土壤自净能力。

4.3.3 有机肥料生产工艺及主要设备

按《有机肥料》（NY 525—2012）的规定"本文件适用于以畜禽粪便、动植物残体和以动植物产品为原料加工的下脚料为原料，并经发酵腐熟后制成的有机肥料"为标准。

工厂化有机肥料生产工艺大致可分为原料发酵制备、原料预处理、造粒干燥、冷却筛分、计量包装、尾气净化处理 6 道工序（图 4-6），现分别将各工序工艺简述如下。

图 4-6 工厂化有机肥料生产工艺简图

4.3.3.1 原料发酵制备工序

原料发酵制备工序基本工艺流程见图 4-7,这道工序是有机肥料生产的最关键工序,将直接影响下道工序的产量和有机肥料最终的产品质量。

图 4-7 原料发酵制备工序流程简图

现在有很多有机肥生产厂不太重视或难于控制这道工序的工艺指标,造成原料发酵腐熟不彻底,直接影响了有机肥料的最终产品质量或前工序产量不足影响了后工序的成品产量。

在有机肥原料发酵腐熟制备技术方面,多年来上海化工研究院有限公司、中国农业科学院、中国农业大学、南京农业大学、天津市农业科学院、北京市土肥工作站等许多科研院所、农业大学、农技推广单位的科研人员、专家学者、农业技术人员等进行了大量的理论技术研究和工艺路线探索,发表和编辑出版了许多文献和专著。在这里对有机肥原料发酵腐熟制备工艺作较为详尽的描述。

有机肥原料发酵腐熟作为传统的生物处理技术,经过多年的发展和改进,正朝着机械化、商品化方向发展。尤其是近年来,国内外科学家将有机肥发酵微生物的生成、繁殖及其在有机肥生产中的作用作为研究对象,开发了科学的工艺路线并总结了先进的工艺控制指标,同时也开发出了一系列有机肥发酵特殊微生物(如酵母菌、有效微生物群、复合发酵菌等发酵菌剂),使有机肥发酵腐熟效率明显提高,并且避免了传统有机肥发酵腐熟过程中出现的臭味和霉变,以及对环境造成的二次污染问题。

在有机肥发酵腐熟处理方法中,代表性的有厌氧发酵工艺和好氧发酵工艺,其中以好氧发酵为主是近年来研究较多的一种方法,具有成本低、发酵产物生物活性强、肥效高、易于推广的特点,同时达到了去臭、灭菌的目的。

厌氧发酵是在无氧的条件下有机物料分解的过程,其主要产物是甲烷、二氧化碳和许多低分子量的中间产物,如有机酸等。厌氧发酵与好氧发酵相比较,单位质量的有机质降解产生的能量较少,而且厌氧发酵通常容易发出臭味。由于这些原因，目前厌氧发酵大都是配套沼气项目采用。厌氧发酵不但装置投资大，而且还要解决沼气、沼液的使用问题。因此，大部分有机肥生产工厂都采用好氧发酵工艺腐熟制备原料。

好氧发酵是在有氧的条件下有机物料分解的过程，其代谢产物主要是二氧化碳和水。好氧发酵是在微生物的作用下通过发酵使有机物矿质化、腐熟化和无害化而变成腐熟肥料的过程。在微生物分解有机质的过程中，不但生成大量可被植物吸收的有效态氮、磷、钾等化合物，而且又合成新的高分子化合物——腐殖质，它是构成土壤肥力的重要活性物质。

好氧发酵过程中也可以通过添加微生物发酵剂或采用工厂化方法控制工艺条件以加快发酵腐熟的进程，提高质量。

（1）好氧发酵工艺基本原理

好氧发酵，俗称堆肥发酵。好氧发酵主要是通过微生物对有机物的分解实现有机物的无机化，同时实现微生物自身的增殖。在这个过程中，可溶性有机质首先通过微生物的细胞壁和细胞膜，被微生物吸收；固体和胶体有机物则先附着在微生物体外，由微生物分解胞外酶，将其分解为可溶性物质，再进入细胞。与此同时，微生物通过自身的代谢活动，将一部分有机物用于自身增殖，其余有机物被氧化成简单无机物，并释放能量，微生物发生各种物理、化学、生物等变化，逐渐趋于稳定化和腐质化，最终形成良好的肥料。

（2）好氧发酵工艺基本过程

好氧工艺发酵过程是有机物质在一系列微生物作用下，发生原料的矿质化和腐质化，逐渐降低 C/N 值，最终形成为植物提供可给态养料的过程。好氧发酵是一系列微生物活动的复杂过程，包含着利用温度变化作为发酵腐熟阶段的评价指标。发酵腐熟过程可以分为升温、高温、降温、腐熟 4 个阶段，每个阶段都有不同微生物发挥作用。

1）升温阶段：有机肥原料制备初期，主要是以中温性微生物为主，最常见的是无芽孢细菌、芽孢细菌、霉菌。当温度和其他条件适宜时，各类微生物菌群开始繁殖，分解易分解的有机物质（如简单糖类、淀粉、蛋白质等），产生大量的热，不断提高料堆内温度，此阶段也称为中温阶段，料堆层温度基本在 15～50℃。随着温度的升高，好热性的微生物种类逐渐代替了中温性的微生物而起主导作用，以芽孢细菌和霉菌等嗜温好氧性微生物为主的菌类，将单糖、淀粉、蛋白质等易分解的迅速分解，热量不断积累，温度持续上升，一般在几秒钟即达到 50℃以上，进入高温阶段。

2）高温阶段：当料堆温度上升到 50℃以上时，进入高温期，一些较难分解的有机物，如纤维素、木质素也逐渐被分解，开始形成腐殖质。此时嗜热真菌、好热放线菌、好热芽孢杆菌等微生物的活动占了优势，腐殖质开始形成。中温性微生物受到抑制或死亡，好热性微生物逐渐代替了中温性微生物，除了易腐有机物继续分解外，当温度上升到 60～70℃ 时，大量的嗜热菌类死亡或进入休眠状态。在各种酶的作用下，有机质仍在继续分解。热量会由于微生物的死亡、酶的作用削弱而逐渐降低，温度低于 70℃ 时，休眠的好热微生物又重新活动产生新的热量，经过反复几次保持在 70℃ 左右的高温水平，腐殖质基本形成，料堆内物质趋于稳定。原料堆制措施不得当时，高温期很短，或者根本达不到高温，因而腐熟很慢，在较长时期内达不到腐熟状态。

3）降温阶段：当高温阶段持续一定时期后，纤维素、半纤维素、果胶物质大部分分解，剩下很难分解的复杂成分（如木质素）和新形成的腐殖质。此时微生物的活动减弱，热量减少，温度逐渐下降到 40℃ 左右，嗜温菌微生物又成为优势种类，对残余性难分解有机物进一步分解，腐殖质不断增多且稳定化，料堆进入腐熟阶段。

4）腐熟阶段：有机物大部分已经分解和稳定或稳定下降，为了保持已形成的腐殖质和微量的氮、磷、钾养分等，应使腐熟的物料保持平衡。料堆腐熟后，体积缩小，堆温下降至稍高于气温，应将堆体压紧，有机成分应处于厌氧条件下，防止出现矿质化，以利于肥力的保存（表 4-25）。有机肥原料堆制过程除使有机物料释放养分外，还可以通过产生的高温，杀灭寄生虫卵和各种病原菌，杀死危害作物的各种病虫害及杂草种子，实现无害化的目的。

表 4-25　腐熟料堆技术参数

项目	技术参数指标
N	>2%
C/N	（20～30）：1
灰分	10%～20%
水分	<40%
P	0.15%～1.5%
颜色	棕黑
气味	泥土气或淡淡的酒香气味

（3）堆肥过程与微生物变化

料堆堆肥是微生物作用于有机废物的生化降解过程，微生物是堆肥过程的主体。由于原料和条件的不同，各种微生物的数量也在不断地发生变化，所以堆肥过程中没有任何微生物始终占据主导地位。每一个环境都有其特定的微生物种群，微生物的多样性使得堆肥在外部条件出现变化的情况下仍可避免系统崩溃。

参与发酵腐熟堆肥过程的主要微生物种类是细菌、真菌、放线菌。这三种微生物都有中温菌和高温菌。

1）细菌的变化动态：原料发酵腐熟堆肥初期，细菌微分解有机质使温度上升，此时常温细菌受到抑制，嗜温细菌活跃。堆肥升至高温阶段，只有少量的嗜热细菌，但高温期后，随着温度的降低，嗜温及常温细菌又开始生长活动，细菌总数上升。而高温阶段的优势菌则主要是芽孢杆菌属的一些菌种，如枯草芽孢杆菌、地衣芽孢杆菌、环状芽孢杆菌。

2）放线菌的变化动态：在有机肥原料发酵腐熟堆肥过程中，放线菌的变化规律与细菌非常相似，但其总数比细菌约低两个数量级。放线菌是具有多细胞菌丝的细菌，因此它具有真菌的一些特征，但比真菌能够忍受更高的温度和 pH。诺卡菌、链霉菌、高温放线菌、单孢子菌等都是在堆肥中占优势的放线菌。放线菌很少利用纤维素，但它们利用半纤维素，并在一定程度上分解木质素。

3）真菌的变化：真菌对堆肥物料的分解和稳定起着重要的作用，真菌不仅能分泌胞外酶，水解有机物质，而且由于其菌丝的机械穿插作用，还对物料起一定的物理破坏作用，促进生化反应。温度是影响真菌生长的重要因素之一，一些中温类群包括嗜热真菌和耐热真菌，在升温的前期很快被杀死。高温期后很快出现的真菌如嗜热毛壳霉，能利用纤维素和半纤维素迅速生长。另外，在高温结束后一段时间温度下降，出现嗜热真菌、中温真菌和担子菌。据文献记载，真菌一般在 40～50℃活跃，温度大于 60℃，几乎完全停止活动、死亡或休眠。

4）发酵堆肥过程中微生物的演替规律：堆肥过程中微生物的种群随温度的变化发生如下交替变化：低、中温菌群为主转变为中、高温菌群为主，中、高温菌群为主转变为中、低温菌群为主。随着堆肥时间的延长，细菌逐渐减少，放线菌逐渐增多，霉菌和酵母菌在堆肥的末期显著减少。有科学家研究发现，堆肥温度在 50℃时，高温真菌、细菌和放线菌非常活跃；65℃时，真菌减少，细菌和放线菌占优势；75℃时仅有产孢细菌是唯一存活的微生物。

在高温堆肥中，微生物的活动主要分为 3 个时期：糖分解期、纤维素分解期、木质素分解期。堆肥初期主要以氨化细菌、糖分解菌等无芽孢细菌为主，对粗有机质、糖等水溶性有机物及蛋白质类进行分解，称为糖分解期。堆内温度升高到 50～70℃的高温阶段，高温性纤维素分解菌占优势，除继续分解易分解的有机质外，主要分解半纤维素、纤维素等复杂有机物，同时也开始了腐殖化过程，这一阶段称为纤维素分解期。当堆肥温度降至 50℃以下时，高温分解菌的活动受到抑制，中温性微生物显著增加，主要分解残留下来的纤维素、半纤维素、木质素等物质，这一阶段称为木质素分解期。

（4）工艺影响因素

堆肥腐熟过程中微生物的活动强度直接影响堆肥的腐熟速度与产品质量，因此堆肥腐熟过程的工艺控制指标主要是与微生物有关的因素（表4-26）。

表4-26　堆肥腐熟过程的工艺控制指标

项目	控制指标
有机原料含水率	45%～65%
有机原料温度	45～65℃
C/N	（25～30）：1
C/P	（75～150）：1
pH	5.5～8.5

1）工艺碳氮比（C/N）的调控：一般微生物分解有机质的适宜C/N为25：1，实践证明，好氧堆肥腐熟原料C/N为（25～30）：1时发酵过程最快。若C/N过低（低于20：1），微生物的繁殖就会因能量不足而受到抑制，导致分解缓慢且不彻底，而作物秸秆C/N较大〔多为（60～80）：1〕。因此，为保证成品堆肥中一定的C/N〔一般为（10～20）：1〕，在原料堆制时应将作物秸秆与畜禽粪便的比例调整到最佳工艺配比，必要时还应适当加入畜禽尿等含氮量高的物质。近年来也有生产企业采用把沼液或尾菜压榨后加入发酵料堆调整C/N，起到了很好的效果。将C/N调节到30：1以下，以利于微生物的活动，加速堆肥腐熟过程中有机物质的分解，缩短发酵时间。

2）工艺水分的控制：水分是堆肥腐熟过程中一个重要的工艺控制指标。微生物生命活动需要不断从周围环境中吸收水分以维持正常的新陈代谢，而且微生物只能摄取溶解性养料，吸水软化后的堆肥原料易被分解，所以适宜含水率是保持微生物最佳活性和堆肥发酵顺利进行的必要条件。含水率高于80%时，水分子充满颗粒内部并溢到粒子间隙，减少堆体空隙并增加气体传质阻力，造成堆体的局部厌氧，抑制好氧微生物活动，不利于物料高温好氧发酵。但是，含水率也不应低于40%，过低会增加堆体空隙度，增大水分散失量，致使堆体缺水，不利于微生物的活动而影响发酵。大量研究结果表明，堆肥的极限含水率一般为60%～80%。在实际生产中，甘肃大多数工厂都把适宜的含水率控制在50%～65%。

一般情况下，堆肥原料的含水率均达不到堆肥所需的含水率指标，在实施堆肥工艺过程中，一般用粪水、湿的畜禽粪便调节含水率。有条件的生产企业把沼液或尾菜压榨后的榨汁喷入干燥的畜禽粪便调剂原料含水量有很好的效果。如果进厂的堆肥物料是水冲粪或水分过高，可以加入粉碎的农作物秸秆、锯末、食用菌废菌棒或吸附性较强的凹凸棒粉等调节含水率。

3）工艺堆肥通气控制：通风供氧是堆肥成功的重要因素之一。堆肥需氧量的多少与堆肥中有机物含量相关，有机质越多，其耗氧量越大，一般堆肥过程中的需氧量取决于被氧化的碳量。

堆肥初期，主要是好气微生物的分解活动，需要良好的通气条件。如果通气不良，好气性微生物受到抑制，堆肥腐熟速度缓慢；相反，通气过盛，不仅堆内水分和养分损失过多，而且造成有机质的强烈分解，对腐殖质的积累也不利。因此，前期要求堆体不宜太紧，可以采取用鼓风机向堆内鼓风或设通风沟等工艺措施。后期嫌气有利于养分保存，减少挥发损失。因此要求堆肥适当压紧或停止鼓风和塞上通风沟等。一般认为，堆体中的氧气保持在 8%～18% 较合适。低于 8% 会导致厌氧发酵而产生恶臭；高于 18%，则会使堆体冷却，导致病原菌的大量存活。一般工厂生产工艺上都采用翻堆、鼓风、强制通风、被动通风等措施增加堆体中的氧气含量。

4）工艺温度控制：堆体温度变化是堆肥进程的宏观反映，也是影响微生物活动和堆肥能否顺利进行的重要因素。温度上升是微生物代谢产热积累的结果，反映了微生物代谢强度和堆肥物质的转化速度。

一般认为，高温菌对有机物的降解效率高于中温菌，目前的快速、高温好氧堆肥技术正是利用了这一点。堆肥初期，堆体温度一般与环境温度接近，经过中温菌 1～2 天的作用，堆肥快速升温，堆体温度达到 50～65℃，一般维持 15～21 天高温期以杀死病原菌、虫卵、草籽，达到无害化指标，并起到脱水作用。最后温度降低，以利于养分转化和腐殖质的形成。温度过低将延长堆肥腐熟的时间，而过高的堆温（>70℃）对堆肥微生物生长活动产生抑制，过度消耗有机质，并造成大量的氨挥发，影响堆肥质量。

5）工艺酸碱度控制：pH 是影响微生物生长的重要因素之一。有研究表明，一般微生物适宜的 pH 是中性和微碱性，pH 过高或过低，都会影响堆肥的顺利进行。富含纤维素和蛋白质的畜禽粪便堆肥的最佳 pH 在 7.5～8.0，当 pH≤5.0 时底物降解速率几乎为 0，pH≥9.0 时底物的降解速率降低，且氨态氮大量挥发，损失严重。据文献报道，美国国家环境保护局规定，堆肥混合物的 pH 应为 6～9（李玉华，2016）。

酸碱度对微生物活动和氮的保存有重要影响，一般要求原料的 pH 为 6.5。好氧发酵有大量氨态氮生成，使 pH 升高，发酵全过程均处于碱性环境，高 pH 增加氮损失。工厂化快速发酵应注意 pH，可通过加入适量化学物质作为保护剂，调节物料酸碱度。堆肥时添加秸秆，由于秸秆在分解过程中能产生大量的有机酸，因此需要添加石灰中和。

畜禽粪便加入秸秆时，首先应在秸秆中加入相当于秸秆质量 2%～3% 的石灰先行堆沤调整 pH，又可破坏秸秆表面蜡质层，以利于吸水，尔后再与畜禽粪便混合堆肥发酵。如有条件，可加入一些酸性的磷石膏调剂 pH 也有很好的效果。

6）臭味的工艺控制：堆肥臭味的控制目前采用较多的是利用微生物除臭。添加外源除臭微生物促使氮类物质向蛋白质和硝态氮转化，调控堆肥过程中氮、碳的代谢，通过减少氮类物质分解后的气态挥发损失控制臭味的产生，并保留更多的氮养分。

除臭微生物的效果好、材料易得、费用低、使用方便，因此目前很多堆肥用其分解、转化臭气成分达到除臭目的，这种方法也称为生物除臭法。也有些工厂，特别是选用鸡粪为原料，在堆肥中加入适量的硫酸亚铁让堆肥中的氨和硫化氢参与反应达到除臭，实践证明效果良好。

（5）堆肥工艺分类

按不同的分类条件将堆肥分为如下 5 类。

1）按微生物对氧的需求分为好氧堆肥和厌氧堆肥。好氧堆肥是依靠专性和兼性好氧微生物的作用使有机物降解的生化过程，其分解速度快，周期短。厌氧堆肥是依靠专性和兼性厌氧微生物的作用使有机物降解的过程，其分解速度慢，发酵周期长。

2）按温度要求划分为中温堆肥和高温堆肥。中温堆肥发酵温度为 14～45℃，不能达到无害化目的，目前很少采用该方法。高温堆肥发酵温度为 50～65℃，最高可达 80～90℃，是目前采用最多的发酵方法。

3）按堆肥过程中物料运动形式分为静态堆肥和动态堆肥。静态堆肥堆体建成后不进行翻倒，直到堆肥腐熟后运出。动态堆肥采用连续或间歇进料或出料动态机械堆肥方式。

4）按堆肥堆制方式分为条垛式堆肥和池式（槽式）堆肥。条垛式堆肥是物料在开放式场地堆成条垛进行发酵，采用轮式或履带式机械翻抛机翻堆。池式（或槽式）堆肥是物料装进固定的池子内封闭，用顶部轨道式翻抛机翻堆。

5）按发酵历程分为一次发酵和二次发酵。一次发酵是从发酵开始，经中温期、高温期然后到降温期。二次发酵是经过一次发酵后，堆肥物料中的大部分易降解的有机物质已经被微生物降解，但还有一部分易降解和大量难降解的有机物存在，需将其进一步发酵，使之变成腐植酸、氨基酸等比较稳定的有机物达到腐熟。

近几年又出现了一种把畜禽粪便和植物秸秆装入反应釜中通入高温高压蒸汽进行快速发酵（从原料进入反应釜到卸出反应釜用时不到 24h）的高温高压工艺，也称为高温高压水解法。这种方法对畜禽粪便快速除臭效果特别好，也极大地缩短了有机肥原料发酵的时间。但也有专家和教授提出，高温高压杀死了生物菌群，没能把原料腐熟，不能形成腐殖化，达不到有机肥的标准。目前没有大力推广。

（6）堆肥工艺

1）堆肥的原料

堆肥原料一般来源于畜牧业和农业固体废弃物。适合堆肥的原料很多，要选择合适的堆肥原料，首先要了解各种原料的基本性质，特别是一些适合于产业化、商品化生产的特性，原料选择可参考表 4-27。例如，原料的来源是否广泛、稳定，原料的各项养分指标是否满足制作有机肥的要求，原料是否能够快速腐熟等。

表 4-27　原料选择参考指标

项目	合理范围	最佳范围
碳氮比（C/N）	（20∶1）～（40∶1）	（25∶1）～（30∶1）
水分含量/%	40%～65%	50%～60%
颗粒直径/cm	5.5～9.0	6.5～8.0

堆肥的原料按使用量划分，可以分为主料和辅料两种类型。主料就是堆肥生产的主要原料，通常这类原料占物料的比例为 60%～80%。主料由一种或几种原料组成，常见的有畜禽粪便、沼渣等。辅料主要是用来调节物料水分、C/N、pH、通透性的一些原料，由一种或几种原料组成。通常这类原料占整个物料的比例不超过 40%，单一物料比例不超过 20%。常见的有作物秸秆、蘑菇渣、粉煤灰、生石灰、凹凸棒粉、过磷酸钙或磷矿粉等。

堆肥的原料按原料性质划分，可以分为碳原料、氮原料、调理剂原料等类型。碳原料是指那些有机碳含量高的原料，如农作物秸秆、粉煤灰等。这类原料可以作为堆肥的主要辅料，用来调节水分、C/N 和增强物质的透气性。氮原料通常是指那些 C/N 值在 30 以下的原料，这类原料是堆肥的主料，如畜禽粪便、沼渣等。也有工厂把尿素作为用来调节 C/N 的高氮原料，但这不是主料。调理剂原料主要是指加入堆肥中用来调节原料混合物的性质的物料，如 pH、水分、C/N 等。例如，堆肥中加入少量石灰和草木灰，中和有机物腐解中产生的有机酸以调节酸度；加入一些粉碎的黏土、草炭、锯末等吸附性强的物质，用于吸附腐解过程中释放的氨，以保全养分，提高有机肥质量。加入一些锯末、秸秆粉等调理剂，还用于平衡堆肥原料中含水率和增加物料中的有机质数量，可以防止物料中含水量过高等。

2）好氧堆肥一般工艺

目前绝大多数工厂都采用好氧发酵堆肥工艺，该工艺通常包括预处理、一次发酵（主发酵）和二次发酵（后发酵）、后处理及储藏等工序。一次发酵可以在露天（视环保要求而定）或发酵车间内进行，通过翻堆或强制通风为堆体或发酵池内物料提供氧气，以便于物料在微生物的作用下开始发酵。首先是分解易分解物质，产生二氧化碳和水，同时产生热量，使堆温上升。这时微生物吸取有机物的碳、氮营养成分，在细菌繁殖的同时，将细胞中吸收的物质分解并产生热量。分解初期物质的分解作用是靠嗜温菌（30～40℃为最适宜生长温度）进行的，随着温度上升（45～65℃时），嗜热菌取代了嗜温菌，堆肥从中温进入高温阶段。经过一段时间，大部分有机物被降解，各种有害生物被杀灭，堆体温度下降。二次发酵的特点是温度低，氧气吸收率低，臭味潜力低。相对一次发酵来讲，二次发酵阶段的管理和调控比较简单，然而从工程角度看，不能没有二次发酵，因为二次发酵阶段可继续降解那些难降解的有机物，还要克服反应速率变慢及重建低温微生物群落，从而有助于堆肥腐熟，减少植物毒性物质和抑制病原菌。后处理是指经过二次发酵后的粗堆物进行无害化处理后，即可以粉状有机肥料直接销售给用户施于农田、果田、菜田，也可作为土壤调理剂。如需再加工，可将粉状有机肥送入下道工序加工成颗粒有机肥料，也可根据用户需要加入氮、磷、钾无机原料制成有机-无机复混肥料等产品。脱臭是指将在堆肥过程中由于厌氧发酵产生的臭气进行堆肥除臭处理（主要成分有氨、硫化氢、甲基硫醇、胺类等），须添加外源除臭微生物促使氮类物质向蛋白氮和硝酸盐氮转化，调控堆肥过程中氮、碳的代谢，通过减少氮类物质分解的气态挥发损失，控制臭味的产生，并保留更多的氮养分。储存要求是干燥而透气的室内环境，不宜露天堆存。

3）好氧堆肥典型工艺

好氧静态堆肥工艺（农户自造法）常采用露天的静态强制通风堆形式，不进行翻堆，直到堆肥腐熟后运出。由于堆肥物料一直处于静止状态，易造成厌氧环境，不但散发的臭气污染周边环境，还导致物料及微生物生长的不均匀性，使发酵周期延长，这种堆肥工艺除农户自造农家肥外，工厂一般都不采用。

间歇式好氧动态堆肥工艺（池式发酵法）采用静态一次发酵的技术路线，其发酵周期缩短，堆肥体积减小。它是将原料分批用装载机装入长方形发酵池内，采用池底通入通风管道用鼓风机强制通风的同时，用池顶轨道式翻堆机间歇性地翻堆，使池内上下物料混合均匀，从而加快发酵过程，缩短发酵周期，这种工艺目前有不少工厂采用。它的缺点是堆内供氧不足（必须强制通风才能供氧），容易形成厌氧状况；散热不好，容易使翻堆释放出的水蒸气重新冷凝回落到池内物料中形成恶性循环；翻堆机前后（大车行走）左右（小车行走）上下翻堆不能将物料打碎。

连续式好氧动态堆肥工艺是一种发酵时间更短的动态二次发酵工艺，它是采取连续进料和连续出料的方式。原料在一个专设的发酵装置内进行一次发酵过程，物料处于一种连续翻动的动态情况，物料组分混合均匀，易于形成空隙，水分易于蒸发，因而使发酵周期缩短，可有效地杀灭病原微生物，并防止异味的产生。连续式堆肥可有效地处理有机质含量高的原料，正是由于具有这些优点，连续式动态堆肥工艺和装置在一些发达国家被广泛地采用，如回转窑式发酵机、滚筒式发酵器、桨叶立式发酵器等。这种工艺由于设备投资大，耗能高，国内采用的还不多见。

条垛式好氧堆肥工艺简单，操作控制方便，是目前北方多数工厂普遍采用的方法。这种工艺由预处理、建堆、翻堆、储存 4 道工序组成，现分述如下。

预处理：预处理场地很重要，一是必须坚固（场地表面材料用水泥或三合土夯实打平），二是堆料场地必须朝确定的出水方向留有坡度。进厂原料先集中堆放在平整的场地上，然后经破碎机破碎、筛分等预处理后待用。

建堆：预处理后的原料用装载机建成长条形堆肥条垛，条垛的适宜规格为垛底宽 2～6m、垛顶宽 1～3m、垛高 1.5～3m（应根据配套的翻堆设备确定），长度不限（应根据场地具体面积而定）。目前最常见的尺寸是垛底宽 3m、垛顶宽 1.5m、垛高 2m（配套轮距 3m，升降 2m 的液压翻抛机），垛长 60～100m（垛长尺寸越长越好，可减少翻抛机的掉头次数，延长翻抛机有效作业时间）。

翻堆：翻堆是用翻抛机（也有工厂用装载机）将堆肥物料进行翻转、破碎和重堆。翻堆不仅能保证物料供氧，以促进有机质的均匀降解，而且能使所有的物料在堆肥内部达到高温区域停留一定时间，以满足物料杀菌和无害化的需要。翻堆过程既可以在原地进行（翻抛机作业），又可将物料原地移倒至另一地方重堆。

翻堆次数取决于条垛中微生物的耗氧量，翻堆的频率在堆肥初期显著高于堆肥后期。翻堆的频率还受其他因素限制，如腐熟程度、翻堆设备类型、不良气味产生、占地空间的需求及各种经济因素的变化。一般 3 天翻堆一次，当温度超过 50℃时就应进行翻堆；当温度超过 70℃时就要 2 天翻堆一次；温度超过 75℃时要 1 天翻堆一次以利于快速降温。正常情况下 15～21 天可完成堆肥腐熟。

条垛式堆肥翻堆设备国内大多采用垮式液压翻抛机，通过原地翻抛物料增加氧气加入量、促进水分蒸发和物料松散。

储存：发酵后的物料应堆存在干燥、常温的库房供下道工序使用。

4.3.3.2　原料预处理工序

原料预处理是将完全发酵腐熟的有机肥原料送往下一工序进行处理，以满足造粒的需要，其主要工艺过程见图 4-8。

图 4-8　原料预处理工序简图

（1）原料粉碎

根据生产工艺的要求，造粒前的原料需要进一步粉碎，将腐熟原料中的块状物料和后工序筛分返回的不合格大颗粒返料进行粉碎。粉碎设备的主要类型有链式破碎机、笼式破碎机、锤滚式粉碎机等。

1）立式链式破碎机

主要有 LP500～LP800 各规格，配用功率 5.5～7.5kW、生产能力 1.5～4.5t/h、进料粒度≤30mm、出料粒度≤1mm。设备优点是链条数量可随意增减，结构紧凑，功率消耗低，运转平稳，维修简便。设备缺点是粉碎粒度不均匀。

2）高效卧式链磨机

主要有 WL 350～WL 1000 各规格，配用功率 11～90kW、生产能力 4～24t/h、进料粒度≤20mm、出料粒度≤1mm。高效卧式链磨机设备优点是结构简单，物料不易堵塞，效率高、造价低、维护和检修方便。设备缺点是耗能较高。

3）笼式粉碎机

主要有 LFΦ600（双笼）～LFΦ1000（双笼）各规格，配用功率 18.5～37kW、生产能力 5～14t/h、进料粒度≤15mm、出料粒度≤1mm。设备优点是结构简单、粉碎性能好、密封性强，目前有机肥生产厂选用较多。设备缺点是笼条易磨损、更换频繁、能耗较高。

4）锤滚式粉碎机

主要有 DMT60～DMT100 型各规格，配用功率 37～75kW、生产能力 20～45t/h、进料粒度 100～150mm、出料粒度≤1mm。设备优点是进料粒度要求宽、有连续作业自动清理功能、生产能力大、噪声小、运行平稳。是目前有机肥生产较为理想的粉碎设备。

（2）原料筛分

将粉碎后的原料进行筛分，合格的细粉料送去配料，不合格的颗粒料返回重新粉碎。筛分设备的主要类型有振动筛、振网筛、回转筛、振球筛等。

1）振动筛

主要有 FS25～FS10 各规格，筛孔尺寸 4.8mm/2.2mm、有效筛分面积 2m^2/2.5m^2、最大处理量 4～6t/h、配用功率 1.1～3.0kW。设备优点是结构简单、造价低、能耗低。目前小型有机肥厂采用较多。设备缺点是产量小、粉尘大。

2）振网筛

主要有 ZWS1230～ZWS1260 各规格，筛孔尺寸 10/40/1.4/50mm、筛分面积 3.6～7.2m^2、进料粒度≤60mm、生产能力 30～90t/h、配用功率 1.7～3.5kW。设备优点是造价低、能耗低、产量大。设备缺点是粉尘大。目前除个别小型有机肥厂采用外已不多见。

3）回转筛

主要有（Φ1m×4m）～（Φ2.2m×8m）各规格、筛网层数有 1 层或 2 层、配用功率 7.5～22kW、生产能力 3～40t/h。设备优点是可以多级筛分、自带料仓，筛孔的尺寸大小可以随意更换调整、密闭性好没有粉尘散扬。这是目前绝大多数有机肥厂采用的比较理想的筛分设备。

4）振球筛

振球筛是国内设备制造厂引进美国"太拉克"环槽铆钉新技术制造的新设备，振球筛是坐式单层带振打球的单轴圆振动筛，网下设置有若干个橡胶振环振打装置。设备优点是装有橡皮振打球，工作时橡胶球上下跳动，从下方冲击筛面，将卡在筛孔的难筛颗粒振出，解决了其他筛分设备共性存在的筛网堵料、不易清理的难题。现在除大中型磷铵生产厂使用外，很少在有机肥厂见到。

（3）原料混合

工艺上将筛分后的合格细粉料与其他辅料同时送入混合设备混合均匀供给造粒工序。原料混合是指在外力的作用下，原料在搅拌机中整体掺和达到全部的混匀状态。混合设备的主要类型有卧式螺旋混合机、转鼓混合机、立式搅拌机。

1）卧式螺旋混合机和转鼓混合机

卧式螺旋混合机和转鼓混合机由于在有机肥生产中容易堵料，难以清理，除老厂外新建厂已不采用。

2）立式搅拌机

立式搅拌机是目前采用最多的一种原料搅拌设备。立式搅拌机规格有LJ2000～LJ3200 各规格，配用功率 7.5～15kW、生产能力 10～18t/h。设备优点是观察方便，搅拌均匀，没有堵料，进出料容易连接输送设备。

3）原料配料计量设备

在原料预处理工序，主料、辅料加入搅拌机前要按工艺指标进行配料，大中型厂都采用电子秤精确配料，小厂大都用装载机按体积比配料。

4.3.3.3 造粒干燥工序

造粒干燥工序主要工艺过程见图 4-9。

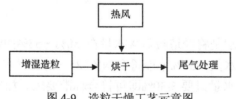

图 4-9　造粒干燥工艺示意图

（1）造粒

粉状有机肥制成颗粒有机肥工艺上分为团粒法工艺、挤压法工艺。有机肥造粒是干粉造粒的重要工序，它不仅关系到颗粒肥产品的内、外在质量，同时关系到产量的大小、成本的高低，而造粒生产过程除与物料本身的物化性质有关外，还与造粒设备的形式和机械性能关系密切。造粒工艺控制指标主要是物料的水分，一般情况下物料水分调整到 50%～55%较为合适。有条件的生产厂采用蒸汽增湿物料造粒效果最好，其次是热水造粒优于冷水造粒。物料水分过大会造成大粒径球状物产生，物料水分过小会造成散沙质粉料成粒率低。造粒设备的主要类型有圆盘造粒机、转鼓造粒机、挤压造粒机等。

1）圆盘造粒机

主要有 $\Phi2.2\sim\Phi4.2m$ 各规格，配用功率 7.5～30kW、生产能力 3～14t/h。设备优点是造粒产品颗粒均匀，具有良好的自动分级能力，生成大颗粒较少，操作直观，容易控制、调节，造价低。目前小型有机肥厂采用得比较多。设备缺点是单台设备产量低，如需并联几台需配用的输送设备多、设备不能密闭、粉尘大，粉尘和废气易发生外溢、难以控制。

2）转鼓造粒机

主要有 ZL（$\Phi0.8m\times3.2m$）～（$\Phi3.5m\times8m$）各规格，配用功率 4～200kW、生产能力 2.5～56t/h。设备优点是转鼓造粒机是 20 世纪 40 年代美国 TVA 公司开发的肥料造粒专用设备，50 年代由苏联援助中国肥料项目建设时引入中国。优点是单台设备生产能力大，密闭性好、粉尘和废气不外溢，便于设定进料和喷水自动控制，物料在筒体内停留时间长、颗粒强度高。目前大中型肥料生产厂都采用转鼓造粒。也有一些厂将圆盘造粒机和转鼓造粒机串联起来用于二级造粒，效果也不错。

3）挤压造粒机

主要有单轴式、双辊式、对辊式等，单台产量低、配用功率大、消耗高；挤压片状的还需配打散破碎机，颗粒大多都是不规则片状、不呈圆球形；有些对辊挤压机压出的柱状或椭圆形状还需配备抛光机，将挤压出的粒子二次抛光，造成耗能大、生产成本高。现在除个别厂采用外，大都不用挤压造粒。

（2）干燥

有机肥的干燥原理是将经造粒后含水量在 50%～55%的湿有机肥颗粒经过干燥设备干燥脱水到含水量≤30%才能符合 NY 525—2012《有机肥料》的标准。如短期内销售的产品含水量只要≤30%即可符合标准要求。如较长时间储存的产品或进一步加工有机-无机复混肥料作原料的有机肥颗粒含水量必须≤13%，否则库存期间颗粒在包装袋内会造成结块，或者用于加工有机-无机复混肥料过高的水分会使无机原料发生溶解而造成粉粒或颗粒软化。有机肥的干燥应采用低温大风量条件，温度过高会使有机质炭化和氮蒸发损失。风量太小会造成烘干机内水蒸气不能快速排出，在烘干机后段容易形成冷凝水使前段烘干的粒子二次潮湿。生产中工艺控制指标热风进入烘干机入口温度 150℃左右，出口温度 80℃左右较合适。有机肥厂常用的干燥设备为直接传热的回转烘干机。回转烘干机有（Φ1.2m×10m）～（Φ4.2m×34m）各种规格，配用功率 7.5～400kW，生产能力 1.5～45t/h。设备优点是热源广泛，可用燃煤（无烟块煤）热风炉、燃气（天然气、沼气）热风炉、燃油（重油）热风炉配套；生产能力大，干燥效果好，生产连续性强，封闭性好，烘干机内粉尘和水蒸气利用机尾部配套的引风机抽送到尾气净化系统处理，操作环境卫生干净。设备缺点是不配装筒体外部振打装置容易使筒体内部积料、结疤；配套振打装置又造成噪声过大，影响操作环境。

4.3.3.4　冷却、筛分、包装工序

冷却、筛分、包装工序主要工艺过程见图 4-10。

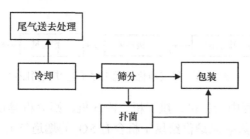

图 4-10　冷却、筛分、包装工序示意图

冷却、筛分、包装工序是将从烘干机烘出来的温度达 45～60℃的热颗粒首先送入冷却机进行冷却，将颗粒温度冷却到室温以下，再送入筛分机进行筛分。经筛分机分级的 1～4.75mm 的标准颗粒输送给包装机包装为成品颗粒有机肥料；小于 1mm 的颗粒返回造粒机重新造粒或者包装为粉状产品；大于 4.75mm 的颗粒返回到原料预处理工序经破碎机破碎后重新造粒。

（1）冷却

是将烘干机卸出的温度达 45～60℃的热颗粒输送进入冷却机冷却至室温。冷却设备一般都采用回转式冷却机，设备机型和规格同回转烘干机一样。工艺区别是烘干机向筒体内送入热风；而冷却机不送热风、由尾气引风机从冷却机头部吸入大量室内新鲜冷空气冷却。

（2）筛分

是将冷却机卸出的物料输送至筛分机进行筛分分级。设备选型可参照 4.3.3.2 节"原料筛分"。

（3）包装

是将筛分机输送来的颗粒状或粉状有机肥产品分别送至包装机进行称重计量、包装、封口即完成成品有机肥料生产全过程。包装设备，现在各厂基本都选用全自动称重包装机。全自动称重包装机规格型号有单联称、双联称、三联称，包装量有 400～1800 包/h 各规格，称重范围 20～50kg/包。

4.3.3.5 尾气净化处理工序

尾气净化处理工序主要工艺过程见图 4-11。

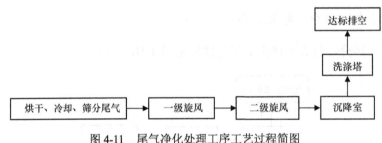

图 4-11 尾气净化处理工序工艺过程简图

有机肥生产过程中造粒机、烘干机、冷却机、筛分机等设备都会产生大量的粉尘、废气（包括燃煤热风炉供给烘干机含有 SO_2 的烟道气）。如不进行回收处理，不但造成操作岗位卫生恶劣，而且粉尘和废气外排还会造成环境污染。目前，尾气净化处理比较理想的有三级处理。第一级采用旋风分离器收集较大颗粒；第二级采用复档式（或迷宫式）粉尘沉降室收集较细粉尘；第三级采用喷淋式洗涤塔将尾气和烟气进一步洗入水中，尾气达标排空。喷淋洗涤水可以封闭循环利用，待达到一定浓度时送入原料发酵制备工序代替清水加入发酵堆肥，或者送给造粒机代替清水增湿物料造粒。

4.3.4 辅助生产设备

有机肥生产中辅助生产设备主要是物料输送设备。一般设计中，造粒前的物料都选用槽式皮带输送机，造粒后的湿粒选用槽式或防滑皮带机。其余输送设备尽可能选用斗式提升机，这样可有效防止粉尘飞扬污染环境。

4.3.4.1 皮带输送机

主要有 B500～B1200mm 各种规格，输送能力 5～20m³/h、配用功率 2.2～7.5kW。

4.3.4.2 斗式提升机

有 HL250～HL630 各种规格，输送能力 11.8～114m³/h。设计中应充分考虑物料输送种类、输送地段、输送量、输送物料温度、水分等选用规格型号。

4.3.5 生物有机肥生产工艺及设备

生物有机肥实际上是在有机肥料的成品中接种微生物复合菌剂而制成。其生产工艺及设备：原料发酵制备、原料预处理、造粒干燥、冷却筛分包装、尾气净化处理 5 个工序与有机肥料生产工艺和设备几乎没有区别。不同的是在有机肥料冷却筛分后端增加一台溶菌槽，一台扑菌包膜机即可完成生物有机肥的生产全过程。

4.3.5.1 扑菌包膜工艺

从有机肥成品筛分机送来的有机肥颗粒进入扑菌包膜机，将溶菌槽内配制好的复合菌剂喷入扑菌包膜机内的物料内，物料与菌剂随扑菌包膜机的转动，使复合菌剂包裹在有机肥颗粒表面制成生物有机肥，再送去包装工序进行包装即为成品。现在有个别工厂将复合菌剂直接加入原料发酵工序或混合造粒工序生产生物有机肥，这样生物菌在高温烘干工序都将被高温杀死不能成为有效活菌。

4.3.5.2 扑菌包膜设备

扑菌包膜机主要有（Φ1.2m×3.5m）～（Φ2.8m×10m）多种规格，生产能力从 5～60t/h 不等。配用功率从 7.5～90kW 各型号不同。

4.3.5.3 生物菌剂

各厂选用的生物菌剂不同，通常选用的有枯草芽孢杆菌、巨大芽孢杆菌、冷冻胶样芽孢杆菌、解淀粉芽孢杆菌、地衣芽孢杆菌、抗逆芽孢杆菌等。可根据用户需求或使用地区、施用作物设计生物菌的种类和数量。

4.3.6 有机肥料和生物有机肥工艺设备配置方案

目前国内有机肥料和生物有机肥生产企业大多都是根据当地养殖业排出的畜禽粪便废弃粪污资源再利用，生产装置以 1 万～5 万 t/a 中小型规模为主，单系统最大生产能力 10 万 t/a。下面分别列出年产 1 万 t、年产 3 万 t、年产 5 万 t、年产 10 万 t 有机肥料、生物有机肥料生产设备方案和工艺设备平面布置方案（表 4-28～表 4-31）。

表 4-28 年产 1 万 t 有机肥料、生物有机肥料生产设备方案

			主体生产设备			
序号	设备名称	规格参数	数量	技术参数	生产能力	备注
1	转鼓造粒机	Φ1.2m×3.5m	1	电机型号 Y160M-6 7.5kW 减速机型号 JZQ500 筒体转速 18.07r/min	2～3t/h	内衬橡胶板
2	回转烘干机	Φ1.5m×14m	1	电机型号 Y180L-6 15kW 减速机型号 ZQ650 筒体转速 4.28r/min	3～4t/h	内带抄板
3	回转冷却机	Φ1.2m×10m	1	电机型号 Y160M-6 7.5kW 减速机型号 JZQ500 筒体转速 5r/min	5～6t/h	内带抄板
4	包膜机	Φ1.2m×3m	1	电机型号 Y160M-6 7.5kW 减速机型号 JZQ500 筒体转速 18r/min	3～5t/h	含喷油装置

			辅助生产设备			
序号	设备名称	规格参数	数量	技术参数	生产能力	备注
1	翻抛机	轮距 3m, 底高 1.5m	1	/	50m³/h	带液压装置
2	立式搅拌机	Φ2m	1	电机型号 BLY3322-99 功率 7.5kW	8～10t/h	/
3	皮带输送机	B500	2	功率 2.2kW, 带速 1.0m/s	5m³/h	/
4	皮带输送机	B650	2	功率 3kW, 带速 1.0m/s	8m³/h	/
5	斗式提升机	TH250	2	功率 5.5kW	11～20m³/h	/
6	斗式提升机	TH400	2	功率 7.5kW	30～40m³/h	/
7	回转筛	Φ1.2m×4m	1	层数 1 层, 功率 7.5kW	3～4t/h	不锈钢筛
8	自动包装机	2-DS50	2	称重范围: 20～50kg	400 包/h	一台粉料
9	热风炉	1.8m²	1	现场砌筑制作	/	/
10	旋风除尘器	CLK1200	2	处理能力 6050m³/h	/	/
11	干燥沉降室	/	1	现场砌筑制作	/	/
12	喷淋洗涤塔	Φ1.5m×2m	1	玻璃钢材质	/	带水泵

表 4-29 年产 3 万 t 有机肥料、生物有机肥料生产设备方案

			主体生产设备			
序号	设备名称	规格参数	数量	技术参数	生产能力	备注
1	转鼓造粒机	Φ1.6m×6m	1	电机型号 Y180L-6 15kW 减速机型号 ZQ500 筒体转速 12r/min	6～7t/h	内衬橡胶板
2	回转烘干机	Φ1.8m×18m	1	电机型号 Y200L1-6 18.5kW 减速机型号 ZQ650 筒体转速 5r/min	5～7t/h	内带抄板
3	回转冷却机	Φ1.5m×14m	1	电机型号 Y180L-6 15kW 减速机型号 ZQ650 筒体转速 4.28r/min	8～10t/h	内带抄板
4	包膜机	Φ1.2m×3.5m	1	电机型号 Y160M-6 7.5kW 减速机型号 JZQ500 筒体转速 18r/min	5～6t/h	含喷油装置

续表

			辅助生产设备			
序号	设备名称	规格参数	数量	技术参数	生产能力	备注
1	翻抛机	轮距 3m，底高 1.5m	1	/	50m³/h	带液压装置
2	立式搅拌机	Φ2.2m	1	电机型号 BLY3322-99 功率 7.5kW	12t/h	/
3	皮带输送机	B500	2	功率 2.2kW，带速 1.0m/s	5m³/h	/
4	皮带输送机	B650	2	功率 3kW，带速 1.0m/s	8m³/h	/
5	斗式提升机	HL250	2	功率 5.5kW	11~20m³/h	/
6	斗式提升机	HL400	2	功率 7.5kW	30~40m³/h	/
7	回转筛	Φ1.6m×4m	1	层数 1 层，功率 11kW	15~20t/h	不锈钢筛
8	自动包装机	2-DS50	2	称重范围：20~50kg	600 包/h	一台粉料
9	热风炉	2.0m³	1	现场砌筑制作	/	/
10	旋风除尘器	CLK1500	2	处理能力 10 050m³/h	/	/
11	干燥沉降室	/	1	现场砌筑制作	/	/
12	喷淋洗涤塔	Φ2m×2.5m	1	玻璃钢材质	/	带水泵

表 4-30　年产 5 万 t 有机肥料、生物有机肥料生产设备方案

			主体生产设备			
序号	设备名称	规格参数	数量	技术参数	生产能力	备注
1	转鼓造粒机	Φ1.8m×7m	1	电机型号 Y180L-6 15kW 减速机型号 ZQ650 筒体转速 11.5r/min	10t/h	内衬橡胶板
2	回转烘干机	Φ2.2m×22m	1	电机型号 Y250M-6 37kW 减速机型号 ZL65 筒体转速 3.29r/min	8~14t/h	内带抄板
3	回转冷却机	Φ1.8m×18m	1	电机型号 Y200L-6 18.5kW 减速机型号 ZQ650 筒体转速 5r/min	10~12t/h	内带抄板
4	包膜机	Φ1.4m×4m	1	电机型号 Y160M-6 11kW 减速机型号 JZQ500 筒体转速 15.05r/min	8t/h	含喷油装置

			辅助生产设备			
序号	设备名称	规格参数	数量	技术参数	生产能力	备注
1	翻抛机	轮距 3m，底高 1.5m	1	/	100m³/h	带液压装置
2	立式搅拌机	Φ2.5m	1	电机型号 BLY3927-99 功率 11kW	14t/h	/
3	皮带输送机	B500	2	功率 2.2kW，带速 1.0m/s	5m³/h	/
4	皮带输送机	B650	2	功率 3kW，带速 1.0m/s	8m³/h	/
5	斗式提升机	HL300	2	功率 7.5kW	16~20m³/h	/
6	斗式提升机	HL400	2	功率 11kW	30~40m³/h	/
7	回转筛	Φ1.8m×6m	1	层数 2 层，功率 15kW	20~25t/h	不锈钢筛
8	自动包装机	2-DS50	2	称重范围：25~50kg	900 包/h	一台粉料

续表

辅助生产设备					
序号	设备名称	规格参数	数量	技术参数	生产能力	备注
9	热风炉	2.1m³	1	现场砌筑制作	/	/
10	旋风除尘器	CLK1800	2	处理能力 25 000m³/h	/	/
11	干燥沉降室	/	1	现场砌筑制作	/	/
12	喷淋洗涤塔	Φ2m×3m	1	玻璃钢材质	/	带水泵

表 4-31　年产 10 万 t 有机肥料、生物有机肥料生产设备方案

主体生产设备					
序号	设备名称	规格参数	数量	技术参数	生产能力	备注
1	转鼓造粒机	Φ2.2m×8m	1	电机型号 Y250M-6 37kW 减速机型号 ZQ650 筒体转速 10.85r/min	20t/h	内衬橡胶板
2	回转烘干机	Φ2.8m×28m	1	电机型号 Y315M-6 90kW 减速机型号 ZL115 筒体转速 2.65r/min	18~20t/h	内带抄板
3	回转冷却机	Φ2.2m×16m	1	电机型号 Y200L-6 22kW 减速机型号 ZL65 筒体转速 3.33r/min	18~20t/h	内带抄板
4	包膜机	Φ1.8m×6m	1	电机型号 Y180L-6 15kW 减速机型号 ZQ650 筒体转速 11.5r/min	15~17t/h	含喷油装置

辅助生产设备					
序号	设备名称	规格参数	数量	技术参数	生产能力	备注
1	翻抛机	轮距 3m，底高 2m	1	/	150m³/h	带液压装置
2	立式搅拌机	Φ3.2m	1	电机型号 BLY55-87 功率 15kW	18~20t/h	/
3	皮带输送机	B800	2	功率 4kW，带速 1.0m/s	12m³/h	/
4	皮带输送机	B1000	2	功率 5.5kW，带速 1.0m/s	16m³/h	/
5	斗式提升机	HL400	2	功率 7.5kW	25~30m³/h	/
6	斗式提升机	HL500	2	功率 11kW	40~45m³/h	/
7	回转筛	Φ2.2m×8m	1	层数 2 层，功率 22kW	30~40t/h	不锈钢筛
8	自动包装机	2-DS50	2	称重范围：20~50kg	1800 包/h	一台粉料
9	热风炉	3m²	1	现场砌筑制作	/	/
10	旋风除尘器	CLK2000	2	处理能力 35 000m³/h	/	/
11	干燥沉降室	/	1	现场砌筑制作	/	/
12	喷淋洗涤塔	Φ3m×4m	1	玻璃钢材质	/	带水泵

（本节作者：李永安、冯守疆）

4.4　缓控释肥料生产工艺及设备

4.4.1　缓控释肥料概述

近年来，因中国化肥工业产能过剩，肥料企业竞争激烈，现代农业科技进步及农业可持续发展战略对施肥技术和肥料品种的更高要求，特别是 2015 年农业部提出"化肥农药零增长行动方案"等因素，肥料科学研究的重要课题变为研发具有较高肥料利用率的新型肥料，而缓控释肥料已变为目前新型肥料研究的主要方向之一，经过近半个世纪的科学研究及技术发展，缓控释肥料的产品已大量涌现，且已成为新型肥料产品的一大类别。

单从概念来看，缓控释肥料是具有延缓养分释放性能的一类肥料的总称，从控释性能上可分为缓释肥料（slow release fertilizer，SRF）和控释肥料（controlled release fertilizer，CRF）。其中，缓释肥料是指通过养分的化学复合或物理作用，使其对作物的有效态养分随着时间推移而缓慢释放的化学肥料，主要是指脲甲醛和无机包裹肥料等产品类型，由于其养分释放速率受肥料产品的自身特性和其使用环境因素影响，对生物作用和化学作用等因素比较敏感，所以养分释放速率快慢程度不可控，控释性能相对较差。而控释肥料是指通过各种调控机制预先设定肥料在作物生长季节的释放时间和速率，使其养分释放与植物需肥规律相一致（或基本一致）的肥料，主要是指聚合物包膜肥料，此类肥料产品能最大限度地提高肥料利用率，可以依据植物的生长阶段性需肥规律，通过加工手段及控释材料延长或控制其养分释放，使促释和缓释协调，控释性能相对较好（赵秉强等，2013）。

4.4.1.1　缓控释肥料的种类及特点

缓控释肥料的种类很多，可以根据产品的制备工艺及养分释放机理等分类，具体有 4 种分类方式（柳丽敏等，2018）：第一种按其养分释放机理来分，分为化学型缓控释肥料、物理包膜型、生物化学型；第二种按其养分溶解方式来分，分为微溶性无机化合物（如金属磷酸盐和酸化磷酸盐等）、微溶性有机氮化合物（如生物降解的微溶有机氮化合物和化学降解的化合物）、物理障碍性因素控制的水溶性缓控释肥料（如包膜颗粒肥料和基质复合肥料）；第三种按其养分释放途径来分，分为膨胀型、扩散型、渗透型和侵蚀型（也称为化学反应型）；第四种按其生产工艺来分，分为包裹型、包膜型及化学反应型（如缩脲反应）。我们生产中常说的缓控释肥料是按制备工艺而分的，各类型产品的特点各异（姜佰文等，2013）。

（1）包膜肥料

包膜肥料可根据包膜材料来源分为无机包膜肥料和有机包膜肥料。无机包膜肥料主要是指硫包衣尿素等，该类包膜肥料弹性差、易脆、缓释性能不理想。有机包膜肥料主要是指聚合物包膜肥料，这类肥料不仅有广阔的应用领域，缓释性能也较好。目前，国内外包膜肥料的研究主要集中于包膜材料的研究上，包膜材料可分为无机（矿）物粉末（如硅、硫、石膏、磷酸盐、沸石粉、硅藻土、膨润土等）、有机高分子聚合物、环境友好型材料（有机无机复合物）三大类。且包膜材料的研究具有以下四方面改进发展趋势：①采用复合材料作为包膜材料，改善了单一包膜材料的不足；②采用以超吸水性聚合物为外包膜层的包膜材料进行复式多层包膜，改进包膜肥料的弹性；③采用废弃物或副产物作为包膜材料，为了减少成本，降低包膜肥料性价比；④采用生物降解包膜材料，提高生物降解和肥料缓释性能（陈松岭等，2017）。

（2）包裹肥料

包裹肥料是我国独创的一种缓控释肥料，是指用一种或多种植物营养物质包裹另一种植物营养物质而形成的植物营养复合体（靳莹莹等，2016）。它与聚合物包膜肥料相比，主要区别是包裹肥料所用的包裹材料为植物营养物质，另外包裹肥料产品用作包裹层的物料所占比例较高，至少在 20%以上，包裹肥料的化工行业标准《无机包裹型复混肥料（复合肥料）》（HG/T 4217—2011）已颁布实施。

（3）脲醛肥料

脲醛肥料是指将尿素和甲醛在一定条件下混合反应所得到的产物，其总氮含量一般在38%左右，产品不是单一的化合物，而是包含少量未反应尿素、羟甲基脲、亚甲基二脲、二亚甲基三脲、四亚甲基五脲、五亚甲基六脲等缩合物所组成的混合物。脲醛肥料的产品形态根据工艺的不同，可以是固体粉状、片状或粒状，也可以是液体的形态。同时，脲醛产品也作为复合（混）肥料的中间原料，与速效氮肥和磷肥、钾肥配合，进一步加工后成为不同配比的含脲醛肥料的缓释复合（混）肥料，为作物生长营养需求提供均衡的养分供应。而这一类型产品也是当前我国面向终端用户应用最多的。使用时，当将其施入土壤后，主要依靠土壤微生物分解来释放氮素，其肥效长短取决于缩合物分子链的长短，缩合物分子链越长的其氮的肥效期就越长。同时，研究表明脲醛肥料的缓释期也受气候条件的影响，尤其是温度条件的影响，温度越高，其释放期越短。脲醛肥料产品中的组分及链长也可通过生产工艺条件进行适当控制，以调节产品的肥效期长短，但由于受其反应的自身特点限制，工艺控制只能在一定范围内实现，并不能精确地控制其组分比例及链长（石学勇等，2013）。

4.4.1.2　缓控释肥料的标准发展概况

2007 年 10 月 1 日我国出台并实施了第一部《缓控释肥料》(HG/T 3931—2007) 化工行业标准，标志着我国缓控释肥产业进入规范发展的新阶段；紧接着在 2009 年 9 月 1 日实施《缓释肥料》(GB/T 23348—2009) 国家标准，也填补了我国在国际缓释肥料中的空白；2012 年 7 月在原有的行业标准和研究基础上，经过修正和完善，正式实施了《控释肥料》(HG/T 4215—2011) 化工行业标准，2016 年 4 月实施了《肥料和土壤调理剂—控释肥料—通用要求》，这些标准及要求的颁布与实施标志着我国在国际先进化肥领域实现了由"跟跑者"到"领跑者"的跨越。

4.4.1.3　缓控释肥料的应用范围及施用效果

缓控释肥料是一种适应农业可持续发展战略新要求的新型肥料，也是一种省工、省时、增产、低污染的养分高效利用型肥料。虽然缓控释肥料销售价格一般是普通肥料（尿素）价格的 2～5 倍，但由于其新颖性、专一性、类型多样化与良好的施用效果而受到人们的重视，美国、德国、英国、日本等发达国家缓控释肥料的研究和应用发展较快，我国目前也已取得长足的进步，随着农业高产、高效、优质、优化的发展，其生产量与需求量也在逐年增加（刘英等，2012）。缓控释肥料应用范围是根据其缓释性能、工艺流程与产品针对性的不同而各异。像热固性树脂、热塑性树脂等有机聚合物包膜肥料，缓释性能较好，但因工艺复杂，生产设备要求高，价格昂贵，主要应用在高尔夫草坪、园艺等方面，且施入土壤后不易降解，所以在大田作物上的应用受到了一定限制。有研究表明，硫黄、硅酸盐、滑石粉、黏土等无机物包膜的硫包衣肥料主要用于小麦、玉米、水稻等大田作物，尤其是在缺硫土壤上施用，可提高作物产量 7%、氮肥利用率 19.6%，同时也可提高微量元素及其他元素养分利用率。包衣复合肥在水稻上应用表明，包衣复合肥在减少施用量 40% 的情况下，仍比施用正常量未包衣的复合肥增产 5% 以上（禹化果等，2016）。而以钙肥、镁肥、磷肥为代表的包裹型肥料适用于大多数粮食作物及经济作物，它是针对中国农业发展需求并能有效提高氮素利用率，在大田作物应用上表现出较好的增产和节肥效果，生产工艺简单，较多数缓控释肥料价格低廉，具有广阔的应用前景，尤其是在我国的东北地区推广非常有成效。相对而言，脲醛肥料的农化试验研究较少，且由于其产品针对性强，生产成本高，所以大部分应用在以高尔夫球场草坪为代表的非农业市场，仅有少数国家和企业将其应用于大田作物的农肥市场，像日本将含脲醛复混肥料用作水稻基肥。但近几年，随着人们对脲醛肥料的认知和研究，国内市场上也涌现了一批企业，推出主要应用于农业市场的脲醛系列复合（混）肥料，得到了较好的市场反响。

4.4.2 缓控释肥料制备的技术原理

缓控释肥料的制备原理就是采用一种新技术或新方法将速溶性养分与土壤分开，使得土壤或肥料的养分释放速率与作物的养分吸收规律呈正相关关系。控释肥料的制备技术主要采用包膜或包裹技术和化学改性技术。首先是常用的包膜技术，在肥料颗粒表面制备一层膜，利用膜将高浓度速效养分与土壤分隔开来，膜层具有的孔隙结构还可以控制养分按一定的速率释放，如果释放的速率与植物养分吸收速率相匹配，就能达到精准施肥的效果，实现养分高效利用的目的（徐久凯，2015）。该项技术主要涉及聚合物包膜（如聚烯烃包膜、苯丙乳液包膜、聚氨酯包膜）、硫包膜、钙镁磷肥包膜等技术；其中最常见的是聚合物包膜肥料与硫包衣肥料。聚合物包膜肥料（polymer coated fertilizer，PCF），是指肥料颗粒表面包覆了高分子有机膜层的肥料；而硫包衣肥料主要为硫包衣尿素（SCU），是最早产业化应用的包膜肥。硫包衣尿素是使用硫黄为主要包裹材料对大颗粒尿素进行包裹，实现对氮素缓慢释放的控释肥料，一般含氮 30%~40%、含硫 10%~30%。氮的释放时间与硫包衣的厚度、封蜡等技术有关，尿素氮释放途径是硫包衣产品表面产生的裂痕、小孔或不完整处，一旦水分透过包裹层，氮素即释放到周围的土壤中，因此其可控性不如聚合物包膜，但是硫包衣尿素在缺硫土壤中施用具有一定的优势（周丽凤，2015）。其次就是包裹技术，也是我国独创的一种缓控释肥料技术，是指用一种或多种植物营养物质包裹另一种植物营养物质而形成的植物营养复合体。它与聚合物包膜肥料相比，主要区别是包裹肥料所用的包裹材料为植物营养物质，另外包裹肥料产品用作包裹层的物料所占比例较高，至少在 20%以上。最后是化学改性技术，就是通过脲醛反应将尿素与甲醛、异丁醛等单体进行缩合反应，制备的含氮化合物的化学性质远比氨态氮、硝态氮和酰胺态氮稳定，氮素在土壤中能够缓慢水解释放，从而实现氮素缓慢释放的目标，减少氮素的挥发和淋溶（孙鹰翔等，2018）。

4.4.3 主要缓控释肥料的制备工艺及设备

4.4.3.1 聚合物包膜肥料

（1）聚合物包膜材料

聚合物包膜肥料的包膜材料有很多种，根据材料的来源可分为天然、合成、半合成三大类数十种聚合物及共聚物，具体分类见表 4-32。它们各有优缺点，其中天然可降解的材料主要有淀粉、纤维素、木质素、甲壳素、瓜尔胶、阿拉伯胶、明胶、天然橡胶和壳聚糖等，它们的优点是：自然界中存储丰富、成本低廉；缺点是：这些单一材料分子中大部分含有羟基及其他极性基团，易形成分子内和分子间氢键，从而难以溶解和加工，耐水性和柔韧性也较差，制成的包膜肥料虽可降解，但缓控释性能并不好。半合成聚合物是各种天然聚合物与石化反应产品结合形成的一类聚合物，可分为离子型和非离子型两类，而合成聚合物是以乙烯和丙烯单体衍生物形成的聚烯烃溶胶，如聚乙烯、聚乙烯醇、聚丙烯酰胺、聚丙烯酸等，它们是目前最常用的聚合物包膜材料（肖强，2007），优点是：制备反应过程易控制，工艺流程短，设备要求相对简单；缺点是：难以实现连续化生产。

表 4-32　聚合物包膜材料

类别	名称
天然聚合物	蛋白质、壳聚糖、木质素、橡胶、亚麻油、向日葵油、脱水蓖麻油、大豆油等
合成聚合物	聚乙烯、聚丙烯、聚丙烯酰胺、聚乙烯醇、乙烯基乙烯乙酯、苯乙烯（St）、丁二烯（BD）、丙烯酸丁酯（BA）、N-羟甲基丙烯酰胺、聚乙烯基乙酸纤维素等
半合成聚合物	纤维素、几丁质、淀粉等与石化反应产品形成

在现实生产中，经多次试验证明和生产尝试，采用复合材料作为包膜材料时，将天然可降解的材料与那些不可降解的包膜材料进行复配，可显著提高难降解材料的降解效果。Zou 等（2015）研究表明用柠檬酸和环氧树脂分别对聚乙烯醇进行改性，之后涂覆在肥料颗粒上，两种包膜肥料均具有一定的降解性，其中柠檬酸作为改性剂制备的包膜肥料降解性远远强于环氧树脂作为改性剂制备的包膜肥料。Bursali 等（2011）研究也表明，将淀粉和聚乙烯醇混合，淀粉对聚乙烯醇改性使其变得可生物降解。同时还可在包膜材料中添加光催化剂制成包膜层，膜在光的照射下或随时间的推移将进行有效的光降解（范本荣等，2011）。

（2）聚合物包膜肥料工艺

聚合物包膜肥料的制备工艺方法根据成膜方式通常可以分为两种，第一种是喷雾相转化工艺，也是一种以物理法成膜的制备方法，即将高分子制备成包膜剂后，用喷嘴将其涂布到肥料颗粒表面形成包裹层的工艺方法，如化肥生产中转鼓喷浆造粒工艺及聚烯烃类包膜肥料的制备等；第二种是反应成膜工艺技术，也是一种无需溶剂、无需密封设备的制备工艺，如苯丙乳液包膜肥料与聚氨酯包膜肥料等的制备。

首先，喷雾相转化工艺简单来说就是一种以某种控制方式使聚合物从液相转化为固相的过程，由于其工艺条件相对简单，所以开发应用得相对比较多。通常先将聚合物由固相转化成液相，也就是说先将聚合物溶解到一种优良溶剂中制成高分子真溶液，然后再将聚合物与溶剂分离，其溶剂分离主要包括蒸发沉淀、气相沉淀、热沉淀、浸没沉淀。基于分离界面不同，采用的方法也就不同，像平面（基片）或球面（颗粒）采用的方法就明显不同，平面（基片）一般是处于静止状态已接受来自环境中沉降下来的膜材料，在表面上形成包膜（陈可可等，2013）；而球面（颗粒）需要维持良好的分散状态和一定的流动性，通常情况下需借助流化床进行包膜。同时，对包膜剂的筛选和组配上，早期人们主张用聚烯烃，后来随着科学技术的发展，开发应用了聚乙烯基乙酸纤维素，就目前依然以聚烯烃为主要膜材料（陈润，2010）。通过选用不同的溶剂，加热溶解聚合物，制备成浓度为 12%～15%的包膜剂，借助流化床设备，将包膜剂喷涂在肥料颗粒表面，经过溶剂挥发、聚合物沉淀等一系列过程，形成一层膜层，喷雾相转化的原理如图 4-12和图 4-13 所示。

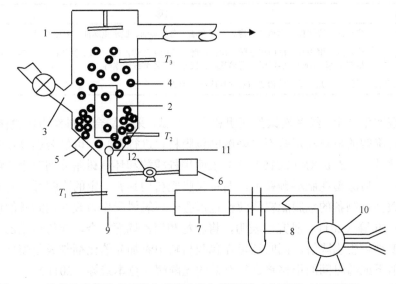

图 4-12　具有导流筒的喷动流化床聚合物包膜肥料工艺流程（赵秉强等，2013）

1. 喷射塔（具有导流筒的喷动流化床）；2. 喷动导流筒；3. 进料口；4. 稳定颗粒；5. 振荡器；6. 溶液箱；7. 气体加热器；8. 流量计；9. 出料口；10. 鼓风机；11. 喷嘴；12. 泵；T_1. 烘干气温度；T_2. 颗粒温度；T_3. 尾气温度

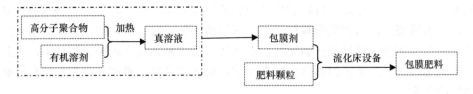

图 4-13　喷雾相转化原理示意图

其次，反应成膜因涉及化学反应的发生，相对而言整体工艺条件相对复杂，得到开发使用的技术也相对较少。早期开发的技术主要是利用酚醛树脂、环氧树脂反应直接在肥料颗粒表面制备聚合物膜层，之后利用富含多羟基的植物油与异氰酸酯发生聚氨酯反应来制备包膜肥料（王晶，2015）。近年来，反应成膜技术主要集中在利用羟基、环氧基团的加聚反应来进行，而反应成膜工艺因为是在肥料颗粒表面原位成膜，可以减少膜层缺陷，膜层厚度在 20μm 左右即可有效控制养分释放，大大降低了膜材成本，因此也成为当前的一个研究热点。

（3）聚合物包膜肥料生产及设备

在聚合物包膜肥料的实际生产中，从物料的筛选到成品的产出，生产环节主要包括输送系统、包膜系统（流化气系统、雾化系统、流化床包衣系统）、干燥系统、称量系统、尾气回收系统。其中，包膜系统是关键，包膜在流化床的喷射塔内完成，主要由气体流化、包膜剂雾化、流化床包膜三大环节组成。气体流化环节主要依靠鼓风机、流量计、气体加热器、温度计等设备完成，该部分要严格控制气流的大小及温度，确保包膜颗粒的流动性与分散状态；包膜剂的雾化包括泵、喷嘴和包膜剂组成部分，喷嘴的作用是使包膜剂雾化，形成直径很小的液雾，以增加液体包膜剂与肥料颗粒的接触面积，达到包膜的目的，喷嘴的大小及规格直接影响包膜剂在导流筒内的分布范围及与肥料颗粒的接触面；流化床包膜依靠喷射塔、导流筒、振荡器等设备完成，在包衣过程中，要严格控制包膜时间和稳定颗粒的流动性，确保膜的厚度和均匀性。现以年产 5 万 t 聚合物包膜肥为例，其主要设备选型及技术参数如表 4-33 所示。

表 4-33　年产 5 万 t 聚合物包膜肥料生产系统、设备组成及相关参数

序号	系统	设备名称	技术参数	单位	数量
1	原料输送系统	原料仓	2m³，304 不锈钢（厚度为 4mm）	个	1
		上下连接法兰	304 不锈钢（厚度为 1mm）	套	1
		全自动螺旋给料机	0.5m³，304 不锈钢（厚度为 4mm），电机功率：2.2kW	台	1
2	流化气系统	鼓风机	功率：2~30kW；风压：7~100kbar①；风量：40~2500m³/h；电压：110~615V	台	1
		流量计	流量：28~120L/h（液体），0.83~3566m³/h（气体/蒸汽），量程比：10∶1，精度标准：1.0%/1.6%，介质温度：−40~200℃（标准型），−40~400℃（高温型）	台	1
		气体加热器	温度：≤850℃；功率：2~10 000kW	台	1
		温度计	标度盘公称直径：150mm；热响应时间：≤40s；精度等级：1.5 级	台	1
3	雾化系统	溶液箱	100~200m³	个	1
		计量泵	流量：0.8~17.6L/h；压力：3.4~17.2bar；功率：20~25W	台	1
		喷嘴	压力：0.6~1.2bar；雾化颗粒度：3~10μm	个	1
4	流化床包衣系统	喷射塔	投料量：25~40kg/批；容器容量：100L；风机功率：7.5kW；压缩空气量：0.85m³/min；蒸汽量：90kg/h	台	1
		振荡器	/	个	1
		喷动导流筒	内径：200~400mm；材质：304 不锈钢（厚度为 4mm）	个	1
		温度计	标度盘公称直径：150mm；热响应时间：≤40s；精度等级：1.5 级	台	1

序号	系统	设备名称	技术参数	单位	数量
5	干燥系统	回转干燥机	电动功率：3~5.5kW；进气温度：≤700℃；转速：3~8r/min；倾斜度：3%~5%	套	1
6	称量系统	计算机定量秤（秤体）	称重范围：25~50kg；称重速度：200~3000kg/h；配备动力：2.2kW	套	1
		输送机	配备动力：0.57kW		
		封口机	配备动力：0.55kW		
7	尾气回收系统	降膜回收器	蒸发量：300~2000kg/h；蒸汽压力≥0.3Pa	套	1
		吸收塔（筛孔板塔）	筛孔直径：5~10mm；筛板空塔风速：1.0~3.5m/s；筛板小孔气速：6~13m/s；每层筛板阻力：300~600Pa	个	2
		真空泵	最大气量：1.33m³/min；电机功率：2.35kW；泵转速：2850r/min	个	1
		温度计	标度盘公称直径：150mm；热响应时间：≤40s；精度等级：1.5 级	台	1

注：① 1bar=10^5Pa

4.4.3.2 硫包衣尿素

（1）硫包衣尿素的制备方法

硫包衣尿素最早使用的方法称为 TVA 法，是 1961 年由美国田纳西河流域管理局肥料发展中心小试成功的，于 1967 年正式商业化生产，其代表性工艺流程详见图 4-14。

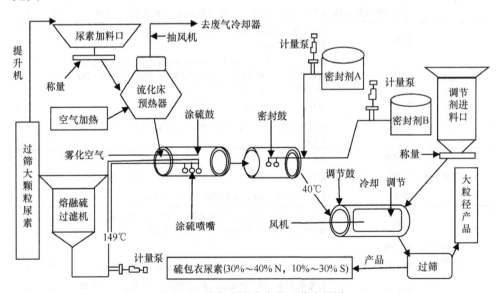

图 4-14　硫包衣尿素生产工艺流程图

TVA 法首先是原料的选取。将颗粒尿素过筛，以获得大小适宜的原料。其次是涂硫包裹。将过筛的尿素通过提升机送入流化床预热器，经过旋风除尘后，尿素从预热器借助重力进入涂硫鼓，熔融硫从多喷嘴喷到尿素上。再次是密封剂密封。待涂硫尿素冷却到 70℃左右直接送到涂封闭剂的转鼓，用 3%熔融蜡与 0.2%煤焦油混合物（120℃）作密封剂喷涂到涂硫尿素颗粒上。最后是调理及冷却。将这些物料送到调理鼓，使用调理剂进行调理，防止尿素颗粒间相互黏结成团，接着在冷风作用下冷却使蜡固化，冷却到 40℃左右将黏结成团的大颗粒筛分去除即得到包硫尿素产品。20 世纪 80 年代，人们对 TVA 法又进行了大量改进，如在复合肥表面涂硫和蜡层，或者在尿素包硫层外再加聚合物层，这种改进的包硫尿素被称为 PolyS 尿素，控释性能比 SCU 好；还有在转鼓转动形成的尿素料幕上喷涂尿素制备大颗粒尿素，然后以此为核心肥料制备硫包衣尿素。同时，为了提高 SCU 的缓释效果，TVA 法还对包封剂筛选及性能进行了大量实验研究，相继开发了聚乙烯蜡、重油等包封剂。

（2）硫包衣尿素的生产及设备

在硫包衣尿素的实际生产中，将 TVA 法进行了改良，从物料的筛选到成品的产出，生产环节主要包括原料的筛分系统、运输系统、包膜剂预处理系统、包膜系统、流化气系统，包装系统、尾气处理系统。其中，包膜剂预处理与涂硫环节是关键，涂硫在第一转鼓中进行，在此过程中要严格控制涂硫转鼓中进口与出口空气、尿素、熔融硫、密封剂温度，为了保证熔融硫的流动性和喷涂效果，此时转鼓中进口预热空气温度 138℃左右，预热尿素温度为 70℃左右，熔融硫与涂硫转鼓中的雾化空气温度最好在 150℃左右。当涂硫环节结束后，密封剂温度为 120℃左右，现以年产 10 万 t 硫包衣尿素为例，其主要设备选型及相关参数如表 4-34所示。

表 4-34　年产 10 万 t 硫包衣尿素生产系统、设备组成及相关参数

序号	系统	设备名称	技术参数	单位	数量
1	送料系统	原料筛分机（振球筛）	筛孔直径：2～3mm，筛面规格：1200mm×3000mm，工作面积：3.1m², 电机功率：4kW	套	1
		全自动螺旋给料机	0.5m³，304 不锈钢（厚度为 4mm），电机功率：2.2kW	套	1
2	包膜系统	流化床预热器	容器容量：100L，风机功率：7.5kW	套	1
		转鼓	直径：2m，长：3～5m	套	3
		不锈钢斗式提升机	2m³，304 不锈钢（厚度为 4mm）；电机功率：5.5kW	套	2
		喷嘴	压力：0.6～1.2bar；雾化颗粒度：3～10μm	个	3～6
		加料槽	容积：20L，304 不锈钢（厚度为 4mm）	个	2
3	包膜剂预处理系统	自储库	容积：100～300L	个	3
		熔融炉	/	台	1

续表

序号	系统	设备名称	技术参数	单位	数量
3	包膜剂预处理系统	过滤机	过滤精度：100μm；工作压力：0.09MPa；有效过滤面积0.1~0.25m²，适用黏度：100Pa·s；工作温度：50℃	台	1
		计量泵	流量：6~10L/h；出口压力：20~40MPa；口径：6~10mm；功率：0.5kW；泵转速：96r/min	台	3
		温度计	标度盘公称直径：150mm；热响应时间：≤40s；精度等级：1.5级	台	7
4	流化气系统	鼓风机	功率：2~30kW；风压：7~100kbar；风量：40~2500m³/h；电压：110~615V	台	1
		气体加热器	温度：≤850℃；功率：2~10 000kW	台	1
		过滤器	/	个	1
5	包装系统	产品筛分机（振网筛）	筛孔直径：2~3mm；筛面规格：1200mm×3000mm；工作面积：3.1m²；电机功率：1.5kW	套	1
		计算机定量秤（秤体）	称重范围：25~50kg；称重速度：200~3000kg/h；配备动力：2.2kW	套	1
		输送机	配备动力：0.57kW	套	1
		封口机	配备动力：0.55kW	套	1
6	尾气处理系统	降膜回收器	蒸发量：300~2000kg/h，蒸汽压力：≥0.3Pa	套	1
		吸收塔（筛孔板塔）	筛孔直径：5~10mm；筛板空塔风速：1.0~3.5m/s；筛板小孔气速：6~13m/s；每层筛板阻力：300~600Pa	个	2
		抽风机	轴功率：0.18kW；转速：2850r/min；风量：420m³/min	个	2

4.4.3.3 包裹肥料

（1）包裹肥料的特点

包裹肥料产品根据其行业标准（HG/T 4217—2011）中的规定可划分为两种类型：Ⅰ型产品以钙镁磷肥或磷酸氢钙为主要包裹层，产品有适度的缓效性；Ⅱ型产品以二价金属磷酸铵钾盐为主要包裹层，通过包裹层的物理作用，实现核心氮肥的缓释作用，其中的部分磷、钾以微溶无机化合物的形态存在而具有缓释功能。包裹肥料的特点从技术和产品特性上主要表现在：①完全植物营养。采用以肥料包裹肥料的工艺，产品中的全部成分均为营养物质，通过改变不同特性肥料的空间结构及利用原料之间的化学反应，实现核心氮肥的缓控释功能，同时使产品中的磷、钾元素也具备缓释性。包裹肥料产品结构如图4-15所示。②均一的释放性。包裹肥料由于包裹材料为枸溶性无机肥料，通常为极性分子与同为极性分子的水具有相亲性，这一特点决定了包裹肥料前期释放率较高，并且包裹肥料产品中含有不同形态的主要植物所需营养元素及中量元素养分，每粒肥料均具有相同的释放性能及养分构成。③同步实现产品的缓释化和复合化。包裹肥料在实现核心氮肥缓释功能的同时，实现了产品的复合化，即缓释肥的生产过程和复合肥的生产过程合二为一，简化了生产过程，节约了生产成本。④实现无干燥生产工艺。包裹肥料生产过程中，充分利用原料间的化学反应能，实现生产过程的无干燥、节约能源，属生态型生产工艺。部分类型产品由于原料配比及原料选型的不同，可能需要轻度的干燥，但相比普通复混肥料生产工艺过程，干燥负荷大幅度降低。⑤便于肥料功能的扩展。包裹肥料的包裹层中，根据需要可加入植物生长调节剂、除草剂、杀虫剂、杀菌剂等，实现肥药一体化，降低农业生产过程中的劳动力成本。

图 4-15　包裹肥料产品结构原理示意图（赵秉强等，2013）

1. 尿素核心；2. xMgO yCaO zSiO$_2$ mNH$_3$ qP$_2$O$_5$ nK$_2$O 包裹层；3. 微溶性养分——N、P、K 和 Mg、Fe、Zn 包裹层；
4. 痕溶性养分——xMgO yCaO zSiO$_2$ 包裹层；水中溶解度<300mg/L 的物质定义为微溶性；水中溶解度<10mg/L
的物质定义为痕溶性

（2）包裹肥料的主要原料

包裹肥料是通过枸溶性肥料包裹水溶性肥料而实现核心肥料的缓释功能的一种新型肥料，在生产工艺上实现这一原理，有必要对原料进行筛选以确保生产过程的顺利实施。

1）包裹肥料核心的选择

作为包裹肥料的核心，原则上任何颗粒的水溶性肥料都是可行的，基于尿素是氮肥的主要产品，具有颗粒均匀圆整的特点，适合作为包裹肥料的核心原料。所以尿素是包裹肥料最主要的核心材料。当然，针对肥料研发配方要求的不同，作为包裹肥料包裹的核心材料可以是粒状的硝酸钾，也可以是造粒后的氯化钾和硫酸钾。同样粒状的硝酸铵也是很好的核心原料，硝酸铵不但含有氨态氮和硝态氮两种形态的氮，还是比尿素更为优良的氮肥品种，但由于受产量少、产品易结块及作为民爆产品管理方面的诸多限制，目前生产企业使用硝酸铵作包裹肥料核心的较少，仅应用于特殊需要和定制的产品。

2）包裹层材料的选择

选择包裹层材料是制备包裹肥料技术的关键步骤。首先选择的包裹材料应含有植物所需的营养成分，且必须是微溶性或痕溶性无机物质或者是通过不同物质之间的化学反应形成能包在核心颗粒表面的微溶性化合物；同时，作为包裹肥料的包裹层材料，还要求来源广泛、价格相对低廉，以免过多增加产品成本。目前常用的微溶性、痕溶性化合物的组成及溶解度如表4-35所示。包裹肥料生产过程中，要根据产品的具体要求与种类选用其中一种或几种配合相应的反应性黏结剂，在特定的技术条件下完成包裹性复合肥料的生产。

表4-35 微溶性、痕溶性化合物的组成及溶解度

序号	化合物	分子量	组成/%					室温下的溶解度/
			N	P_2O_5	K_2O	MgO	其他	(g/100g 水)
1	$Mg(OH)_2$	40.32	—	—	—	69.1	—	0.0009
2	$MgNH_4PO_4 \cdot H_2O$	155.27	9	45.7	—	15.6	—	0.014
3	$CaHPO_4 \cdot 2H_2O$	172.10	—	41.6	—	—	—	0.025
4	$MgHPO_4 \cdot 3H_2O$	174.33	—	40.7	—	23.1	—	0.025
5	$KMgPO_4 \cdot H_2O$	176.27	—	42.3	26.7	22.9	—	微
6	$ZnNH_4PO_4$	178.3	7.9	39.8	—	—	Zn 36.8	0.015
7	$MnNH_4PO_4 \cdot H_2O$	185.97	7.6	38.2	—	—	Mn 29.5	0.0031
8	$KCaPO_4 \cdot H_2O$	191.97	—	36.9	24.5	—	—	微
9	$MgNH_4PO_4 \cdot 6H_2O$	245.27	5.7	28.9	—	9.9	—	0.018
10	$CaK_2(SO_4)_2 \cdot H_2O$	328.3	—	—	28.7	—	S 19.5	0.25
11	$MgCO_3 \cdot Mg(OH)_2 \cdot 3H_2O$	365.37	—	—	—	44.1	—	0.04
12	钙镁磷肥	不定	—	18.0	0.5	12.0	—	0.0016

资料来源：赵秉强等，2013

3）黏结剂材料的选择

包裹肥料所用的黏结剂也是以无机化合物的水溶液为主，所以在黏结剂的种类与浓度选择上，主要取决于所选用的包裹层原料的类型与产品类型。生产过程中要视不同产品而进行选择。

（3）包裹肥料的工艺原理

包裹肥料的工艺技术路线如图4-16所示，主要过程是，根据产品的要求，先筛选出适宜的尿素颗粒，筛除掉其中的少量粉末及不合格的颗粒，也可直接选用普通颗粒尿素或大颗粒尿素；其次将筛选后的尿素计量后加入包裹机中，使包裹机中的尿素运转起来，然后加入适量的黏结剂（提前根据产品要求选择出的黏结剂），待核心材料和黏结剂接触均匀后再加入包裹层材料，继续交替加入黏结剂和包裹材料，不断重复以上过程，直至确定的黏结剂和包裹材料加完为止；最后将包裹完成的半成品送入冷却或干燥机进行冷却或烘干，筛分、包装、检验合格后即可出厂。包裹肥料的生产过程除包裹过程外，其他均与生产普通复合（混）肥

料的过程相似,大部分设备可以通用。

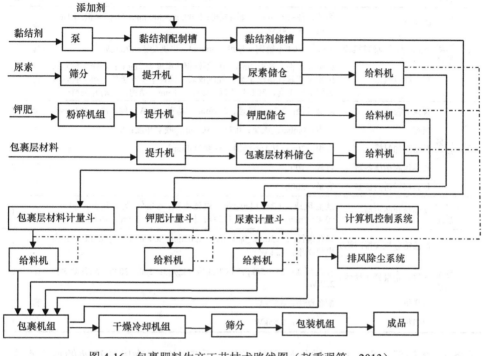

图 4-16 包裹肥料生产工艺技术路线图(赵秉强等,2013)

(4)包裹肥料生产及设备

在矿物包裹肥料的实际生产中,从物料的筛选到成品的产出,生产环节主要包括输送系统、包裹系统、除尘系统、称量系统。其中,包裹系统是关键,包裹环节在圆盘造粒机内完成,主要是先让圆盘造粒机中的颗粒物运转起来,加入一定量的黏结剂,使之与圆盘造粒机中的颗粒物充分接触反应一定时间,再加入固体包裹材料。在此过程中,圆盘造粒机的倾斜角度及转速,黏结剂与包裹材料的加入量及在转盘当中的包裹时间是核心。在包裹的过程中,要严格控制颗粒物与黏结剂的反应时间。现以年产 5 万 t 包裹肥料为例,其主要设备选型及技术参数如表 4-36 所示(普宏宾,2018;刘培东等,2018)。

4.4.3.4 脲醛肥料

(1)脲甲醛肥料生产工艺方法

脲甲醛肥料是尿素和甲醛在一定条件下,经过羧基化加成反应和亚甲基化缩合反应的一种缓释氮肥。在脲甲醛肥料的实际生产中,其生产工艺根据与尿素反应的甲醛浓度高低分为稀溶液法和浓溶液法。稀溶液法是将 37%的商品甲醛加水

表 4-36　年产 5 万 t 包裹肥料生产系统、设备组成及相关参数

序号	系统	设备名称	技术参数	单位	数量
1	输送系统	筛分机	筛孔直径：2～3mm；筛面规格：1200mm×3000mm；工作面积：3.1m²，电机功率：4kW	套	1
		卧式螺旋自动给料装置	0.5m³，304 不锈钢（厚度为 4mm），电机功率：2.2kW	套	1
		静态称重机	称量斗 1 件，容积 2m³，304 不锈钢（厚度为 3mm）；不锈钢称重传感器及其悬挂系统 1 套；控制仪表。称量系统支承架 1 组；秤斗开关门机构 1 套，304 不锈钢（厚度为 1mm）结构，气动开关料门	套	1
2	包裹系统	圆盘造粒机	圆盘直径：3.5m，转速：16r/min，功率：4kW，倾斜度：40°～50°	套	2
		喷嘴	压力：0.6bar；流量：0.7～1.5L/min；喷射角度：84°	个	1
		黏结剂加料槽	容积：20L，304 不锈钢（厚度为 4mm）	个	2
		液体包膜剂储备器	容量：100L	个	2
		包裹层材料储备器	容量：200L	个	2
3	除尘系统	脉冲袋式除尘器	过滤风速：1.2～1.8m/min；过滤面积：84m²；处理风量：6000～9000m³/min；滤袋条数：112 条；耗气量：0.3～1.2m³；功率：7.5kW	套	1
4	称量系统	产品筛分机（振网筛）	筛孔直径：2～3mm；筛面规格：1200mm×3000mm；工作面积：3.1m²，电机功率：1.5kW	套	1
		计算机定量秤（秤体）	称重范围：25～50kg；称重速度（kg/h）：200～3000；配备动力：2.2kW	套	1
		输送机	配备动力：0.57kW	套	1
		封口机	配备动力：0.55kW	套	1

稀释 1～2 倍后，再与尿素进行反应的工艺，反应所得产物以悬浮液的形态存在，通过过滤、干燥、粉碎得到粉状脲醛肥料产品，粉状产品可进一步造粒为粒状产品。同时过滤后的母液可以循环使用。其优点是反应条件较为温和，所得产品质量好，产品指标稳定；缺点是工艺流程相对复杂，成本较高。浓溶液法是直接将37%或更高浓度的甲醛作为反应液，在完成第一阶段反应后，直接将固化剂（将pH 由碱性转化为酸性）加到固化设备中，进行迅速固化，再经干燥、破碎后得到粉状脲醛肥料产品。它的优点是工艺相对简单，生产成本相对较低；缺点是缩合反应过程瞬间发生，反应比较剧烈，反应条件不容易控制，产品指标也不够稳定，但可以通过不同批次掺混达到所需求的产品。脲醛肥料的两种生产工艺流程分别如图 4-17 所示。

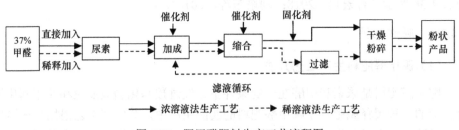

图 4-17　脲甲醛肥料生产工艺流程图

（2）脲醛肥料生产及设备

在脲醛肥料的实际生产中，生产环节主要包括定量装载系统、输送系统、反应系统、产品包装系统。其中，尿素与甲醛反应的温度与 pH 是关键，脲甲醛在反应釜中温度控制在 40～50℃，尿素与甲醛物质的量比为（1.2～2.0）：1.0，用气氨调节 pH 至 9～10。现以年产 5 万 t 脲甲醛肥料为例，主要生产设备及相关参数见表 4-37。

表 4-37　脲甲醛浓溶液法的主要制作设备及相关参数

序号	系统	设备名称	技术参数	单位	数量
1	定量装载系统	尿素缓冲料仓	容量：50m³	台	1
		存储罐	50m³，塑料防腐，底端带流出开关	个	3
2	输送系统	甲醛卧式输送泵	输出流量：5m³/h，排出口径：50mm，功率：4kW	台	1
		不锈钢斗式提升机	斗容积：2m³，304 不锈钢（厚度为 4mm）。电机功率：5.5kW	台	1
3	反应系统	甲醛储罐	容量：2m³，304 不锈钢反应釜（厚度为 4mm）	个	1
4	产品包装系统	闪蒸干燥机	集干燥、粉碎、筛分于一体的新型连续式干燥设备	套	1
		计算机定量秤（秤体）	称重范围：25～50kg，称重速度：200～3000kg/h，配备动力：2.2kW	套	1
		输送机	配备动力：0.57kW	套	1
		封口机	配备动力：0.55kW	套	1

4.4.4　缓控释肥料的研究进展

20 世纪三四十年代，缩脲反应技术在美国和欧洲开始发展，各种合成缓释氮素产品开始出现，脲甲醛是研究开发最早的一类缓释肥料。到了六七十年代，随着包膜技术的广泛兴起，包膜肥料和包裹肥料开始引领肥料市场的前沿。我国缓控释肥料的研究起步较晚，1974 年李庆逵院士领导的研发团队研制出含 N 13%～14%、全 P_2O_5 3%～5%的长效碳铵包膜肥，并将此类长效碳铵包膜肥经 X 射线衍射分析，壳中含有 $NH_4MgPO_4·6H_2O$、微晶方解石及隐晶质磷酸盐类矿物，用于直播水稻中增产效果显著，可惜由于多种原因，并没有实现工业化。1983 年许秀成教授带领研究团队系统地研究了包裹肥料并开发了相应的生产工艺技术及装备，并在国内多家企业实现了产业化。至此，我国包裹肥料的研究开发、生产实践、推广应用及标准化进程又迈上了新台阶。目前，国内企业已实现系列 10 万 t 包裹肥料自动化装置生产。

近十年来，随着国内农业市场对缓释肥料认识的提高，我国缓控释肥料得到快速发展，汉枫缓释肥料（上海）有限公司用硫黄包膜技术主要生产农业缓释肥、林业缓释肥与高档缓释肥。北京首都创业集团有限公司缓控释复合肥研究中心以热塑性树脂松节油为原料，年产 3000t 缓控释肥。天津康龙生态农业有限公司年产 5 万 t 包膜肥料，天津赛尔特肥业有限公司年产 10 万 t 控释肥料，湖南益阳康利泰实业公司年产 5 万 t 包膜肥料，深圳市芭田生态工程股份有限公司年产 10 万 t 包膜肥料，山东金沂蒙生态肥业有限公司设计年产 30 万 t 包膜控释肥料，以上公司主要采用水溶性高分子材料如聚乙烯醇、聚丙烯酰胺、聚丙烯酸等与高岭土、缩合淀粉等制备复合包膜材料。

包膜技术和化学改性技术奠定了缓控释肥料的生产工艺的基本格局，迄今为止，研究者们仍然以天然矿物和有机高分子作为包裹材料（朱鸿杰等，2011），探索生产缓控释肥料最廉价、最环保的复合包膜材料和生产工艺，为开发高效的新产品而不断创新。

（本节作者：赵欣楠、车宗贤）

4.5 生物炭基肥料生产工艺及设备

4.5.1 生物炭基肥料概述

生物炭是指生物质秸秆、稻壳、树枝、柠条等有机物在不完全燃烧或缺氧环境下，经高温热裂解后的固体产物。森林大火后未烧尽的焦黑植体残株，就是自然界制造的生物炭；而人工制造的炭更是不胜枚举，如木炭、竹炭、稻壳炭等。整个高温热裂解过程即所谓的"炭化"或"干馏"，除了产生固体的生物炭之外，同时也会产生液体与气体，产生的液体包含干馏液（或称为木醋液）及木焦油等，气体则有一氧化碳、甲烷等其他可燃性气体。

4.5.1.1 生物炭特征及性能

生物质小麦或玉米秸秆、稻壳、树枝、柠条等有机物经过特殊工艺经炭化后生成的生物炭，它保留了生物质特有的良好孔隙结构，具备比表面积大、孔隙度较大的特点，同时，使用不同的生物质原料及采用不同的生产工艺和条件，如反应温度、时间及在不同的环境下炭化，所得到的生物炭在物理结构、化学组分方面都有较大的差异，一些理化指标上，如 pH、水分含量、灰分含量、吸水性能、堆积密度、孔容、比表面积等都存在比较大的差异，在这些诸多影响因素中，炭化时的热解温度对生物炭理化性能的影响最大，也一直以来成为研究的热点，得到不断的优化，从而衍生出多种炭化设备及生产工艺（陈温福等，2014）。

不同工艺生产所得的生物炭虽然理化性能相差各异，对其进行元素分析得知，生物炭中除了含有碳、氢、氧等主要元素外，还含有丰富的钾、磷、氮、硫、钙、镁等农作物生长所需的土壤营养元素及硅、铁、锰、铜、锌等中微量元素，是一种不可多得的农作物生长所需的全营养元素供应物质。不同的炭化设备、生产工艺、反应条件及选用不同的生物质原料,经过炭化过程后得到的生物炭,其物理化学性能和所含的化学元素成分大相径庭,但共同的特点是生物炭的含量都很高,一般都能够达到 70% 以上。通过大量的研究分析确认,生物炭中还具有高度芳香化的结构,含有大量酚羟基、羧基和羰基,这些基本性质使生物炭具备了良好的吸附特性及稳定性,同时对作物生长及根系的发育起到一定的刺激作用(王瑞峰等,2015)。

4.5.1.2　生物质炭反应及生产机理

生物质经炭化热裂解过程是指生物质在完全缺氧或有限氧供应条件下的热降解过程,最终生成炭,并挥发出可冷凝气体和不可冷凝气体的过程,可冷凝气体经冷却回收后成为可再开发利用的副产品——木醋液和生物燃油,不可冷凝气体可以作为燃气回收利用。生物质炭化技术在有些文献中也被称为生物质干馏技术,其实就是通过缺氧热解使有机物生成化合物,其本质就是破坏生物质中的纤维素、半纤维素和木质素的分子结构,使其分解成小分子和固体焦炭,从而实现含碳量不断增加的过程。生物质热裂解是一个复杂的热化学反应,包含了生物质分子键断裂、异构化和小分子聚合等反应过程。生物质主要是由纤维素、半纤维素和木质素三种主要组成物及一些可溶于极性或弱极性溶剂的提取物组成。半纤维素主要在 225～350℃分解;纤维素主要在 325～375℃分解;木质素在 252～503℃分解。半纤维素和纤维素主要产生挥发性物质,而木质素则主要分解生成生物炭。经过大量的试验表明,纤维素在 325℃时开始热分解,随着温度的升高降解反应逐步加剧,至 620～640℃时会降解为低分子碎片类物质,它的降解过程按照反应温度、升温速率、反应时间和生物质原料粒径等不同条件可将热解分为三种大的生产工艺:第一种称为炭化(慢热解)工艺,其反应温度一般不超过 500℃,产物以炭为主。第二种为快速热解生产工艺,它的反应温度一般要控制在 510～620℃,产物主要是以可冷凝气体为主,在反应过程中挥发出来的可冷凝气体被冷凝回收后变成木醋液和生物燃油。第三种生产工艺统称为生物质气化工艺,温度控制在 700～820℃(王伟文等,2014),所生产的物质主要以不可冷凝可燃气体为主,将其净化处理后可以作为优质燃料气回收利用。

根据以上的反应过程研究及反应机理,生物质炭化热解的过程在实际生产中主要分为三个阶段。第一是干燥阶段,在该阶段,反应温度通常低于 115℃,主要目的是将生物质原料内部分子吸收热量实现脱水,生物质分子内部并没有发生明显的变化。第二是预炭化阶段,该阶段反应温度要低于 355℃,生物质中的半纤维素中羧基和羰基分解,并释放出大量的氢气、一氧化碳、二氧化碳和氧气等气体。第三是炭化阶段,在该阶段,随着反应温度的逐步升高,生物质纤维素中纤维糖分解生成左旋葡萄糖,左旋葡萄糖中 C—C、C—O 键断裂分解释放出氢气、一氧化碳和焦油,芳香族化合物转化成少量炭(庄晓伟等,2009)。

与炭化相关的影响因素及参数主要包括温度、升温速率、物料特性、反应停留时间和压力等。其中温度的升高有利于热解气和生物油的转化而使炭的产量减少；较慢的加热速率会延长热解物料在低温区的停留时间，促进纤维素和木质素的脱水及炭化反应，导致炭产率增加；但其反应时间越长，所生成生物炭的灰分含量会越大；在相同温度下，较高的气体压力会造成较长的气相滞留时间，从而影响到二次裂解反应过程，使产炭量增加。

4.5.1.3　生物炭的生产工艺技术

当前我国生物质炭化技术不同的科研院所及生产企业开发的工艺都不尽相同，炭化设备的研究应用和炭化工艺条件的设定、控制及生产工艺的连续性方面差别都比较大。从生产反应过程来看，由于生物质物料干燥与挥发热解阶段均为吸热过程，需要有外加热源才能使热裂解反应顺利进行，按照外供热源供热方式不同，生物质炭化技术分为外热式、内热式和自燃式。外热式炭化技术一般采用流动的热空气或者电热丝等热介质通过间接换热的方式对生物质物料进行加热使其发生热解反应，优点是炭化过程工艺参数控制比较准确而且便捷，但存在着热量利用率相对较低、能耗偏高的问题；内热式炭化技术是将载热气从炉体底部通入，与生物质原料逆向接触，载热气体温度一般控制在460～560℃，该生产工艺属于直接加热方式，热量利用率相对较高，则能耗也较外热式显著降低；自燃式炭化技术是通过生物质自身分解后所产生的可燃气体燃烧作为炭化的热源使自身进一步炭化的生产方式（刘广青和董仁杰，2009），在以上三种加热方式中换热效率是最高的，其优点是可以实现炭化所需热量的自给自足而不需要其他的外供热源提供热量，缺点是炭化过程相对比较复杂，在生产工艺上比较难控制，对炭化设备及操作人员的要求相对较高。生产过程中工艺参数的控制，尤其是炭化设备的密封状况及进风量的控制要求要做到比较精准，才能实现优良的炭化操作。按照作业过程是否能够连续进行及设备内炭化层是否移动，又将炭化过程分为连续炭化工艺和间歇炭化工艺；固定床炭化工艺和移动床炭化工艺。其中固定床炭化工艺又分为窑式炭化技术和干馏釜式炭化技术；依据炭化物料移动的方向不同，可以将移动床炭化技术分为平流移动床炭化和纵流移动床炭化等不同类型的炭化生产工艺技术。

在实际生产过程中，如果我们的生产目的主要是要得到单一的生物炭产品，则生产过程及工艺流程相对比较简单，所需配置设备的结构也比较简单，这样的装置建设投入较低，生物炭的生产成本相对低廉。这种生产工艺在木炭生产工艺中比较常见并得到了广泛的应用和推广。固定床炭化技术中干馏釜式生物炭化技术采用外供热源，可以实现生物炭和其他副产品的联产。固定床生物炭化工艺，物料在炉内的空间位置基本保持不变，生物质原料进入炉内后依次经历预热、升温、保温炭化、降温和出炭等不同操作阶段，属于间歇式炭化生产工艺，其中窑式炭化设备采用自燃加热方式，而热解釜式炭化设备采用外加热方式。固定床生物质炭化技术发展历史较长，设备条件相对比较成熟，具有建设投资少、见效快的特点。但仍然存在着在生产过程中需要重复进行生物质原料装填、预热、升温、保温、冷却和成品炭出料的过程，劳动强度大、操作环境差、生产效率相对较低，不易形成长周期、规模化生产。同时，由于受到被炭化生物质物料传热传质过程的差异影响，反应室各部位温度变化及梯度差异较大，每个批次出来的产品之间理化性能差异较大，难以实现批量化、标准化、规模化稳定运行和生产。

移动床生物炭化技术是在固定床炭化技术的基础上发展起来的，按照物料流向不同可以分为平流移动床和纵流移动床生物炭化技术，其中平流移动床炭化技术的物料移动主要靠螺旋或者转筒的转动来达到所需要炭化生物质物料的移动，从而实现物料的均匀炭化。纵流移动床炭化技术需炭化物料的移动主要依靠其自重，在物料重力的作用下实现自然的移动，实现物料逐步炭化的目的。

移动床生物炭化技术适宜实现连续性的生产，即生物质原料可以连续不断地进入炭化设备，实现生物质物料的不间断炭化。同时，热裂解产品生物炭、可燃性气体、木醋液、木焦油等也可以达到连续性地逸出，从而实现从原料的加入到炭化过程的持续不断进行，最终实现合格生物炭及其副产品（可燃性气体、木醋液、木焦油等）的连续性出料，实现整个炭化过程的连续稳定运行（陈百明和张正峰，2005）。与固定床生物炭化技术相比，具有生产连续性好、生产效率高、过程控制便捷及产品品质相对稳定等优点。移动床连续炭化技术也代表了我国生物炭化技术未来的发展方向。

4.5.1.4　生物质炭化技术工艺流程及装备配置

近年来，我国生物质炭化设备的开发和应用取得重要的创新和发展，尤其是移动床生物质炭化设备以其生产连续性好和生产率较高、产品质量稳定等优点，成为该领域装备研究开发发展的主要方向，也取得了较大的进步和成果，遵循能源梯级利用的开发思路，以生物质干馏为技术手段，实现炭、气、油多联产是生物质热化学转化重要方向之一，如图 4-18 所示；移动床生物质连续炭化设备及工艺以其生产连续性好、生产效率高、炭化工艺参数控制方便和产品质量稳定等优点，成为生物质炭化技术装备开发的重点。近年来，生物质炭化技术随着装备的不断改进定型逐步实现了工业化生产和大型化。下面重点介绍几种比较典型的生物质连续炭化设备及工艺流程配置。

（1）自燃立式炉移动床生物质炭化设备

自燃立式炉移动床生物质炭化设备属纵流移动炭化工艺，炭化设备结构原理如图 4-19 所示，主要包括上料系统、炭化系统、出炭系统、进风系统、引风系统

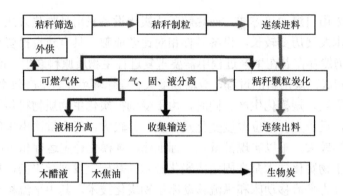

图 4-18 生物质连续炭化工艺流程简图（彩图请扫封底二维码）

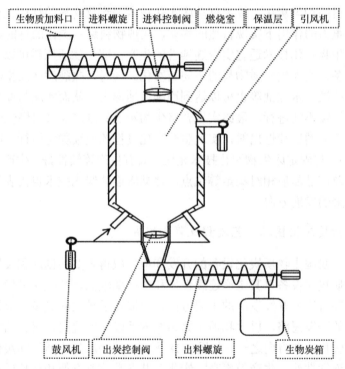

图 4-19 自燃立式炉移动床生物质炭化设备

和自动控制系统等，核心设备由炉体、加料斗提、进料仓、进料螺旋、出料螺旋、引风机、温度检测控制系统等构成。进料部分通常会加装风量自动调节装置和其他的密封措施，以保证实现在密闭的情况下连续加料的目的，进料螺旋采用电机驱动输送小螺旋来调节原料的加量，热解所需要的热量来自于设备底部部分生物质原料的燃烧产生的热量，通过上吸式的引风装置将高温烟气从反应器的底部带到装置的上端，随着热量的上移对上部的原料进行升温加热和热解，反应器外层设置了保温措施和温度的检测设施，确保物料在所需要的温度范围内进行炭化，出料螺旋的转速是保证物料炭化时间的重要调节控制手段，加大出料螺旋的转速就会使生物质原料在炉内下降的速率加快，从而缩短炭化时间，反之亦然。这种自燃式立式炭化炉对原料的适应性强，可以对不同粒径的原料进行热解炭化而不需要外部能源，缺点是由于原料自身依靠重力下降的过程中，通常由中心向周边逐步扩散，从而造成沉降不均匀、发生热解不均匀的现象，导致产品的炭化程度不一，影响生物质炭的质量。

（2）外加热螺旋式移动床生物质炭化设备

外加热螺旋式移动床生物质炭化设备属平流移动床生物质炭化设备，其结构原理如图 4-20 所示。主要由变频调速器、调速电机、万向节、进料口、热解电炉、生物质炭箱和螺旋输送器等组成。调速电机与螺旋输送器通过万向节同轴安装，螺旋输送器采用变螺距设计，可控制不同工艺段的物料输送速度及方向。设备工作时，变频器控制调速电机驱动螺旋输送器转动，生物质原料经进料漏斗进入设备，由热解反应器的螺旋输送器输送。物料在输送过程中完成连续热解反应，生物质炭在螺旋输送器的后端直接落入炭箱，少量由热解气带出，在反应器末端沉降后由反向螺旋输送至炭箱。热解气中木醋液和木焦油经冷凝分离后集瓶收集，最后是洁净的不可冷凝燃气。

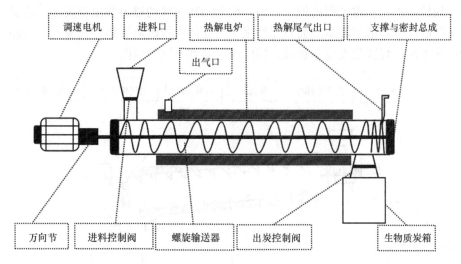

图 4-20　外加热螺旋式移动床生物质炭化设备

（3）离心回转式炭化

离心回转式炭化装置采用干燥筒的回转原理如图 4-21 所示，主要由进料螺旋器、转筒、出炭螺旋器等设备组成。生物质原料经过进料螺旋加入离心回转式炭化炉，随着炭化炉的转动，物料在带有倾角的回转筒中沿螺旋线向前移动，连续移动过程中保证了物料自身混合的均匀性，同时也使物料热解更加均匀，控制炭化炉每个部位的温度在物料所需最佳的温度范围之内，物料从炭化炉头部移动到尾部时就完成了炭化的热裂解过程，完成炭化的物料通过出料螺旋进入炭收集箱，热解过程产生的可燃性气体经过分离净化后，一部分返回炭化炉作为炭化的热源，多余的部分外送作为外供热源，木醋液和木焦油随着烟气一起进入尾气分离系统进行分离后再进行分质利用。在离心回转式炭化工艺中，回转式炭化炉是核心设备，该设备采用螺旋抄板内嵌式干馏转筒，安装倾角可以调节，有效提高了设备对不同原料的连续有序输送能力。离心回转式炭化装置因其结构特点，使用原料的适应性广泛，可以完成不同粒径的稻壳、农作物秸秆、木屑和花生壳等生物质原料的炭化。该离心回转式连续炭化装置根据热源不同可分为内加热式、外加热式和内外组合式加热等方式，内加热式是将高温烟气直接通入回转炉内对生物质原料直接加热，外加热式是在炉壁外设有电热炉或在外壁和套筒之间通入高温烟气对生物质原料间接加热，内外组合式加热结合两种加热方式，使生物质原料的受热更加均匀，生产出来的产品更加稳定和符合大工业标准化的生产。离心回转式连续炭化装置特点是炉体的回转会使物料产生离心力，物料在离心力的作用下贴向炉壁而提高了传热效率，在物料翻转混合过程中使得炭化更加均匀（贾吉秀等，2015）。此外，回转式炭化装置因为炉体为转动部件，容易实现系列化生产，生产规模可以在一定范围内调节；但是配套回转炉体的进料和出料及尾气的引出等部件的连接和密封较多，而且需要采用特殊的密封隔离措施，设备及部件加工制造成本高，装置建设成本较高，推广应用受到一定的局限。

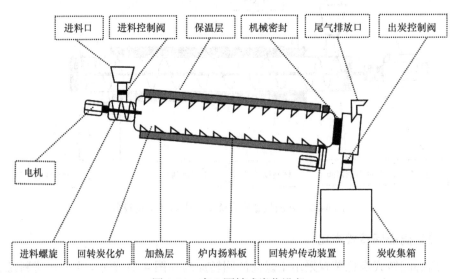

图 4-21 离心回转式炭化设备

4.5.2　生物炭基肥料的生产

4.5.2.1　生物炭对土壤及农作物的影响和作用

生物炭对土壤的改良作用和应用源于南美亚马孙盆地黑土（Terra Preta）的发现及研究。19 世纪，当时生活在亚马孙河流域的人们发现了一种特殊的"黑土壤"，这种被称为 Terra Preta（TP）的土壤是古人类刀耕火种形成的一种特殊的肥沃土壤，其所含的有机碳是普通土壤的 3～4 倍，对恢复土壤生产力和改良土壤具有重要作用。①生物炭对酸性土壤的改良作用显著。据有关资料介绍，酸性土壤占世界可耕种面积的 3/10，酸性条件下可导致铝对植物的毒性，还可引起 P、Mo、Ca 和 Mg 的缺失，这将影响作物的生长和产量，而生物炭大都呈碱性，生物炭施入土壤，对酸性土壤的改良、提高土壤 pH、减轻铝毒性具有显著效果。同时，生物炭能改善土壤的物理结构，影响土壤微生物活性，减少营养元素的流失，调控营养元素的循环，增加土壤的保水力及通气性（Lehmann et al.，2006）。②生物炭可以有效改善土壤的物理性能。土壤的物理性质包括土壤质地结构、土壤比重、土壤容重、土壤孔隙度和土壤水分等，生物炭对土壤理化性质的改善效果与生物炭施用量和土壤肥力水平有关，不同质地土壤表现出不同的结果，生物炭可以增大土壤的比表面积、有效降低土壤的容重与密度，增加土壤的总孔隙度、毛管孔隙度与通气孔隙度，有效地保持土壤中的水分，从而促进植物更充分地吸收水分，减少水分的损失等（陈温福等，2014）。③生物炭可以提高土壤有机质含量，提高地力水平。土壤有机质是土壤的重要组成部分，虽然在土壤中的含量很少，却是土壤肥力的重要指标，也是陆地生态系统主要的碳汇来源之一。施用生物质炭可显著提高土壤有机碳的积累，增加土壤有机碳的氧化稳定性，降低土壤水溶性有机碳。添加生物炭有利于土壤有机质的积累和形成，对提高土壤肥力、稳定土壤有机碳库有重要意义。④生物炭可以有效提高作物对养分的利用率。生物炭中含有丰富的有机大分子和空隙结构，施入土壤后较易形成大团聚体，因而可增强土壤对养分离子的吸附和保持，使其不易随水冲洗而流失，土壤中大部分的氮元素储存于各种复杂的有机质中，只有氨化为铵根离子和硝化成硝酸根离子等才能被植物吸收利用，氨化作用、硝化作用均是在细菌的参与下进行的，生物炭的加入，影响微生物群落，从而导致土壤中氮元素循环的变化，并能够吸附土壤养分使养分不易流失，尤其是在土壤中氮元素的吸附上尤其明显（张燕辉和夏人杰，2015）。⑤生物炭能够提高地温，抗寒减灾。生物炭因颜色较深，在冬季或早春时节适量添加，可加深土色更多吸收太阳能，以增高地温、减缓农作物受冻害的影响程度。⑥生物炭可以改善作物生长微环境。生物炭具有多孔性及很高的比表面积（单位重量的表面积），生物炭中的大小孔隙也能作为土壤中微生物的栖息所，可以有效提高土壤中菌种族群数量及多样性，维持土壤生态作用和理化性能；若应用于受化学物质及重金属等污染的土壤中，则能暂时将污染物吸附在孔隙中，避免污染进一步扩大。

4.5.2.2 生物炭基肥料的生产工艺及设备

将制备好的生物炭添加于复合肥生产过程得到的肥料就是生物炭基肥料，农业部于 2016 年已经颁布了《生物炭基肥料》（NY/T 3041—2016）标准（表 4-38），明确给出生物炭基肥料的定义"以生物炭为基质，添加氮、磷、钾等养分中的一种或几种，采用化学方法和（或）物理方法混合制成的肥料"，结合复合（混）肥的生产工艺及技术，生物炭基肥料的生产工艺有以下几种：氨酸法、团粒法、挤压造粒法、高塔造粒法等，现就团粒法生产工艺和挤压造粒工艺做重点介绍。

表 4-38　生物炭基肥料标准（NY/T 3041—2016）

项目	指标	
	I 型	II 型
总养分（$N+P_2O_5+K_2O$）的质量分数/%	≥20.0	≥30.0
水分（H_2O）的质量分数/%	≤10.0	≤5.0
生物炭（以 C 计）/%	≥9.0	≥6.0
粒度（1.00mm～4.75mm 或 3.35mm～5.6mm）/%	≥80.0	

（1）转鼓造粒生产生物炭基肥料

将精制好的生物炭按照一定的比例和氮、磷、钾、造粒剂等原料经过电子调速皮带秤自动计量配料后进入转鼓造粒机，外供的蒸汽和木醋液经过计量后喷入造粒机内，同进入造粒机的物料进行涂布造粒。物料从造粒机出来时约有 60% 已经成粒，送去进行烘干。进入造粒机的物料需要进行计量，同管道送来的蒸汽及管道泵送来的木醋液经过联锁调节严格配比后，确保造粒机出口物料的成粒率达到 60% 以上。从造粒机出来的物料经过皮带输送机送至一级烘干机，在烘干机内同热风炉送来的热风进行顺流接触烘干，烘干炉出口温度可以通过调节烘干尾气风机的频率来进行控制。从一级烘干机出来的物料，输送到一级冷却机进行冷却降温，冷却机出口物料温度可以通过调节一级冷却风机的风量来进行调节。冷却后的物料进入一级筛分机进行筛分，一级筛分机将大于 4.75mm 的颗粒筛除，送去返料破碎机进行破碎后返入造粒机重新造粒；其余物料进入二级筛分机，二级筛分机将物料中小于 1mm 的物料筛出，细粉送入造粒机进行重新造粒，合格物料进入二级烘干机，同热风炉送来的热风顺流接触烘干，烘干机尾气温度可以通过调节二级烘干机风量来进行控制。从二级烘干机出来的物料水分已经达到成品的标准，然后进入三级筛分机（精筛机），三级筛分机为两级筛，前半部分为细筛，后半部分为粗筛，在三级筛分机内，物料进一步分离其中小于 1mm 的物料和大于 4.75mm 的颗粒，细粉返回造粒机重新造粒，大颗粒返回原料破碎机同其他各类原料统一破碎后进入造粒机造粒。两级烘干所用烘干热源是由热风炉提供的热空气，热风炉为生物质颗粒燃烧炉可以兼烧来自于生物质炭化的可燃性气体，根据烘干炉出口尾气温度控制外来燃气或生物质颗粒（压块）供应量和风机转速（频率）从而调节热风炉炉膛温度。若炭化装置高温尾气有富裕也可以作为烘干热源送入烘干炉进行烘干作业。在破碎、造粒、烘干、冷却、筛分过程中都会产生大量扬尘，可根据各个工序的物料性质采取旋风除尘、重力除尘、布袋除尘、文丘里洗涤和水雾喷淋等方式进行多级组合式除尘，确保车间无扬尘，放空排放达到国家相关标准。烟囱排放高度满足当地环保要求。

采用回转式包膜机，从三级筛分机出来的物料，经过计量（皮带秤）后进入包膜机，同齿轮泵送来的包膜剂在包膜机内充分接触，进行涂布包膜。进入包膜机的物料同包膜剂的量联锁进行自动调节，确保加量准确。经过包膜后的物料作为产品进行包装出厂，如图 4-22 所示。

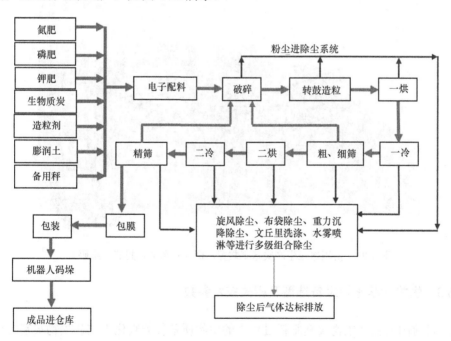

图 4-22　转鼓造粒法生产生物炭基肥料流程（彩图请扫封底二维码）

（2）挤压造粒生产生物炭基肥料

挤压造粒是借助机械压力而使物料（原则上不起化学反应，并经一定配比的粉料混合物）团聚成型的造粒过程，亦称为干法造粒。目前挤压造粒普遍采用的挤压造粒工艺按照不同的设备分为环模挤压造粒、平模挤压造粒和对辊式挤压造粒。在生物炭基肥料生产中，由于设备造粒性能的特点和局限性，一般不建议使用对辊式造粒机和平模挤压造粒机，普遍选用环模造粒机来进行生产。环模挤压造粒设备是广泛适用于饲料及有机物料造粒的设备，具有物料混合搅拌均匀、颗粒均匀度高、无偏析，运行平稳的优点。经过严格计量后的生物炭及氮、磷、钾、造粒剂等物料，进入挤压造粒机挤压成粒，加工成的颗粒后续可以配置抛光和冷却、干燥等精处理工序及相应的设施，实现颗粒强度增加、圆整度提高、水分下降的目标。该工艺的特点是原料需要一定的水分含量，一般需要控制在 10%～15% 比较理想。相比较转鼓造粒技术，挤压造粒工艺可以减少干燥的热负荷，基本不需要设置庞大的尾气处理和除尘系统，因而大大降低了能耗和生产成本，并且没有污染物排放，是一种节能、环保的造粒工艺。另外，在挤压无机类物料的过程中，环模挤压部件容易发热，造成物料性能发生变化及挤压部件较快的磨损，也会导致部件更换致使生产成本上升。挤压造粒设备如图 4-23 所示。

图 4-23　挤压造粒生产炭基肥装置示例（彩图请扫封底二维码）

4.5.3　生物炭基肥料设备选型及相关技术参数

目前国内生产生物炭基肥料过程中的生物质秸秆的炭化工艺和生物炭基肥料的生产工艺及装备选型尚未完全定型，但就发展趋势和成长性来看，离心回转炭化和团粒法转鼓造粒生产工艺是业内比较认可的生产工艺及装备，现就 5 万 t/a 生物炭基肥料生产装置设备及相关技术参数汇总如表 4-39 所示。

表 4-39　生物质秸秆炭化及炭肥生产装备方案

序号	工序及设备名称	规格型号	数量（台/套）	主要技术参数及要求
一、炭化系统				
1	炭化炉	离心回转连续炭化	2	每台设计能力 1.5 万 t/a，功率：7.5kW
2	尾气回收系统	组合件	2	气液分离回收，功率：30kW
3	液体回收及储存	组合件	1	木醋液回收储存
二、炭肥原料破碎及筛分系统				
4	大块破碎机	W700	1～2	链式或板锤式　功率：7.5～11kW
5	振动筛	B214 型	1	2000mm×1400mm，功率：5.5kW
三、炭肥自动配料系统				
6	自动电子配料秤	6～8 台电子计量称	1	功率：1.0kW×6（8）kW
7	配料皮带	B=800mm	1	功率：5.5kW
四、炭肥造粒、干燥、筛分、包膜系统				
8	造粒机	Φ1.6m×5m	1	转速：13r/min；倾角：3.0°；功率：11kW
9	烘干机	Φ1.8m×18m	1	转速：4.5r/min；倾角：2.5°；功率：22kW
10	冷却机	Φ1.6m×15m	1	转速：4.8r/min；倾角：2.5°；功率：18.5kW
11	包膜机	Φ1.4m×5m	1	转速：13.5r/min；倾角：2.5°；功率：7.5kW
12	滚筒筛	Φ1.5m×4m	1	功率：18.5kW，全封闭防尘，带自清理装置
13	热风炉	组件	1	功率：2kW，配鼓引风机及除灰系统
五、炭肥固料输送系统				
14	皮带机	B=500～650mm	8～15	功率：5.5～11kW
15	斗提机	H250	2	功率：7.5×2kW
六、炭肥成品包装及其他				
16	自动封包机	组合件	1	封包能力：≥280 包/h
17	自动码垛机	组合件	1	码垛能力：≥400 包/h
七、炭肥尾气处理系统				
18	干燥、冷却尾气风机	组合件	2	风量：28 000～37 500m³/h；全压：2 800～3 980Pa；功率：37kW×2
19	系统除尘风机	组合件	1	风量：25 000～34 000m³/h；全压：3 550～3 874Pa；功率：22kW
20	造粒尾气风机	组合件	1	风量：890～1 520m³/h；全压：2 200～3 450Pa；功率：11kW
21	布袋除尘系统	组合件	2	处理风量：35 000m³，配置高效率布袋
22	尾气湿法洗涤及烟囱	组合件	1	烟囱排放高度 30m 以上

（本节作者：李忠、车宗贤、杨君林）

4.6　土壤调理剂生产工艺及设备

随着我国城市化、工业化和交通现代化的迅速发展，生态环境遭到了破坏，土壤、水等自然资源受到严重污染。目前土壤污染已经成为一个不容忽视的问题，而这一问题在社会上受到各界人士的高度关注。我国土壤污染预防治理工作迫在眉睫，针对这一现状，国务院于 2016 年 5 月 28 日颁布实施了《土壤污染防治行动计划》（简称"土十条"）。"土十条"是我国土壤污染防治的纲领性文件，对我国土壤污染的治理工作具有指导意义，它从国家发展战略的高度出发对我国土壤污染防治工作做出了明确部署并制订了具体防治目标和任务。

同时根据国家有关部门的调查统计数据显示，当前我国的 18 亿亩耕地中约有 11.5 亿亩耕地受到了不同程度的破坏，受破坏耕地面积占全国耕地面积的 63% 以上，这些耕地土壤都需要被改良。而且，成土因素导致具有障碍因子的土壤还存在相当比例，其中包括质地不良、结构或耕性差、土壤中存在妨碍植物根系生长的不良土层、土壤水分过多或不足、肥力低下或营养元素失衡等。通常情况下，这些障碍性土壤很难利用，近些年来利用土壤调理剂进行改良呈现出较好的效果（孙蓟锋和王旭，2013）。近几年来，我国的土壤调理剂产业虽然取得较大发展，但是其产品数量仍然不能满足市场的需求。面对巨大的市场空间和需求，在国家政策的扶持和全社会对被污染土壤的改良情况的密切关注下，我国的土壤调理剂产业将迎来一个极大的发展空间。

4.6.1 土壤调理剂概述

土壤调理剂，又称为土壤改良剂，是指用于改良土壤的物理性质、化学性质和生物性质，使其更加适应作物生长的物料。目前学术界对土壤调理剂没有一个统一的定义。1997 年国家技术监督局发布的《肥料和土壤调理剂 术语》标准中将土壤调理剂定义为"加入土壤中用于改善土壤的物理和（或）化学性质及（或）其生物活性的物料"。《简明精细化工大辞典》对土壤调理剂的解释为"土壤调理剂，又名土壤改良剂。它能够对土壤施加生物的、化学的和物理的影响，以改良土壤的结构和水的调理，使土壤达到最适合作物生长的条件"。农业部肥料登记评审委员会通过的土壤调理剂效果试验和评价技术要求将土壤调理剂定义为"指加入土壤中用于改善土壤的物理、化学和/或生物性状的物料，用于改良土壤结构、降低土壤盐碱危害、调节土壤酸碱度、改善土壤水分状况或修复污染土壤等"。随着人们对土壤调理剂认识的不断深入，其定义也将越来越准确清晰。

4.6.2 土壤调理剂的分类

土壤调理剂的种类繁多。根据土壤调理剂的功能不同可以分为土壤调酸剂、土壤调碱剂、土壤胶结剂、土壤增温剂、土壤保水剂等；根据土壤调理剂的主要成分或原料的不同可以分为天然调理剂、合成调理剂、生物调理剂和天然-合成调理剂，此分类方法也可以结合材料来源，如天然矿物、废弃物等。土壤调理剂还可以分为无机土壤调理剂、有机土壤调理剂、合成有机土壤调理剂及添加了肥料的有机土壤调理剂（张慧明，2016）。表 4-40 为目前研究和应用较多的土壤调理剂。

表 4-40　土壤调理剂的分类

分类	土壤调理剂
天然矿物类	泥炭、褐煤、风化煤、石灰石、石膏、硫黄、蛭石、膨润石（蒙脱石）、沸石、磷矿粉、钾长石、白云石、 麦饭石（硅酸盐）、珍珠岩等
废弃物	粉煤灰、磷石膏、高炉渣、碱渣、乳化沥青、城市污泥、垃圾、作物秸秆、木屑、禽畜粪便、酒糟、纸浆废液、脱硫废弃物、味精厂发酵物、鱼产品下脚料等
人工提取或合成有机高分子聚合物类	壳聚糖、腐植酸、聚合氨基酸、树脂酸、腐植酸-聚丙烯酸、纤维素-丙烯酰胺、淀粉-丙烯酰胺/丙烯腈、乙酸乙烯酯和顺丁烯二酸共聚物（VA-MA）、聚乙烯醇（PVA）、聚乙二醇（PEG）和脲醛树脂（UF）等
生物制剂类	生物控制剂、菌根、微生物接种菌等

根据《土壤调理剂　通用要求》（NY/T 3034—2016）第四条分类要求，土壤调理剂分为矿物源土壤调理剂、有机源土壤调理剂、化学源土壤调理剂和农林保水剂四大类，农林保水剂主要是依据其保水性能而命名的。根据《肥料和土壤调理剂　分类》（GB/T 32741—2016）第四条分类所述，根据主要材料成分将土壤调理剂分为无机土壤调理剂、有机土壤调理剂、合成有机土壤调理剂和添加了肥料的有机土壤调理剂四大类。无机土壤调理剂分为钙、镁、硫土壤调理剂和其他钙、镁、硫土壤调理剂两类。无机土壤调理剂主要用于保持或提高土壤的 pH，有机土壤调理剂主要用于改善土壤的物理性状或生物活性。有机土壤调理剂中的主要总养分含量一般都不超过产品的 2%。

4.6.3　土壤调理剂的特征

土壤调理剂是以天然矿物为主要原料，经过高温萃取而形成的一种不同于化肥、农药、生物激素的无公害、无污染、没有生物激素的新型绿色生产物料，有明显的"保水、增肥、透气"的功效。土壤调理剂能够改善土壤质量，能够使已经酸化、盐碱化、板结和施肥过量的土壤恢复活力；可以在一定程度上解决土壤连作造成的问题，为作物的生长提供适宜的环境，为土壤的良性循环提供了保障；改善了作物的质量，提高了作物的结实率和产量；能够抑制土壤中的病虫害和病菌，减少病虫害和病菌对作物的伤害，增强了作物的抗病、抗菌、抗逆能力；可以分解土壤和作物植株体内的肥料、农药的残余物，钝化重金属，保护环境；提高土壤的保水性能，改善土壤的吸附性能。

矿物调理剂的主要原料为石灰石、白云岩、膨润土、泥炭、蛭石、褐煤、风化煤、皂石、珍珠岩等，这些原料具有特殊的物理性质，被用于改良土壤。碱渣作为制碱厂常见的废弃物之一，其主要成分是碳酸钙、硫酸钙等钙盐和氢氧化镁等，偏碱性（pH 9～12），富含有益于植物生长的钙、镁、硒等元素，被作为制造调酸土壤改良剂的主要原料。疏松剂或免深耕土壤调理剂通过水分来激活它的有效成分垂直作用于土壤，将被土壤吸附的氢离子游离出来，以此来增加土壤阳离子的交换过程，使土壤形成更多的空隙，改良土壤的团粒结构，增强土壤的透气性和废水渗透能力，从而达到疏松土壤的目的。

4.6.4　土壤调理剂标准要求

根据农业农村部种业管理司最新数据（2018 年 4 月 30 日为止），现已经取得登记或临时登记的各类土壤调理剂有 153 种，最早是 2003 年登记的水剂盐碱土壤调理剂，土壤调理剂产品暴发也主要集中在近 3 年。其中，农林保水剂有 11 种，用于酸性障碍土壤改良的土壤调理剂有 100 种，用于盐碱障碍土壤改良的土壤调理剂有 30 种，用于结构性障碍土壤或保护地障碍土壤改良的土壤调理剂有 11 种，用于重金属污染障碍土壤改良的土壤调理剂有 1 种。调理剂配方不同，标准要求也不尽相同，但是对调理剂的原料、检验、试验等仍然有统一的规范要求。

4.6.4.1　分类及命名要求

土壤调理剂分为矿物源土壤调理剂、有机源土壤调理剂、化学源土壤调理剂和农林保水剂 4 类，一般将其统一称为土壤调理剂。其中矿物源土壤调理剂、有机源土壤调理剂和化学源土壤调理剂则以主要原料组成来源不同冠以所述的前缀，而农林保水剂则依其保水性能而命名。

4.6.4.2　原料要求

矿物源土壤调理剂一般由富含钙、镁、硅、磷、钾等矿物经标准化工艺或无害化加工而成的，用于增加矿物质养料以改善土壤物理、化学、生物性状。有机源土壤调理剂一般由无害化有机物料经标准化工艺加工而成的，用于为土壤微生物提供所需养料以改善生物肥力。化学源土壤调理剂是由化学制剂或由化学制剂经过标准化工艺加工而成的，同时改善土壤物理或化学障碍性状。农林保水剂一般由合成聚合物、淀粉接枝聚合物、纤维素接枝聚合物等吸水性树脂聚合物加工而成，用于农林土壤保水、种子包衣、苗木移栽或肥料添加剂等。

4.6.4.3　指标要求

矿物源土壤调理剂至少应该标明其所含钙、镁、硅、磷、钾等主要成分含量、pH、粒度或细度、有害成分限量等。有机源土壤调理剂至少应标明有机成分含量、pH、粒度及细度、有毒有害成分限量等。化学源土壤调理剂至少应标明其含主要成分含量、pH、粒度及细度、有毒有害成分限量等。

4.6.4.4　限量要求

土壤调理剂汞、砷、镉、铅、铬元素限量应符合不同原料的产品限量要求。

4.6.4.5　毒性试验

土壤调理剂毒性试验结果应该符合 NY/T 1980—2018 的要求。

4.6.4.6　效果试验

土壤调理剂效果试验应具有持续改良土壤障碍特性的试验结果。

4.6.4.7　监测指标

土壤调理剂的质量检测体系也相对比较完善，主要有物理性指标检测、化学性指标检测、有机物指标检测和生物学毒性检测 4 类检测指标，物理性指标主要有水分或密度、细度或粒度和颗粒大小分布检测，液体土壤调理剂检测其密度，化学指标主要由一般化学元素检测和有害重金属检测组成，有机物检测主要是检测样品中有机质的含量。通过小鼠急性经口毒性反应来评价其生物学毒性程度，分为无毒级、低毒级、中毒级和高毒级 4 个级别。

4.6.4.8　土壤调理剂检验标准

检测指标的不同，所采用的检测依据也有所不同。物理指标检测依据和化学指标依据，具体要求也有不同。物理指标有水分、粒度或细度、密度（液体），物理指标吸水（盐水）倍数是农林保水剂的主要衡量指标。化学指标有 pH、总氮、磷、钾、钙、镁、硅、铝、镍和重金属（Hg、Cd、As、Pb、Cr）等检测。

2018 年 6 月 1 日开始实施《肥料和土壤调理剂　急性经口毒性试验及评价要求》（NY/T 1980—2018）新标准（表 4-41）。商品土壤调理剂在外包装及标识上，同时应符合《土壤调理剂　通用要求》（NY/T 3034—2016）和《肥料和土壤调理剂　标签及标明值判定要求》（NY/T 1978—2018）的要求。农林保水剂应符合《农林保水剂》（NY/T 886—2016）相关要求。对有害重金属指标应符合《肥料中砷、镉、铅、铬、汞生态指标》（GB/T 23349—2009）的要求。

表 4-41 土壤调理剂检验标准

指标	检测指标	检测依据	标准号	备注
物理指标	水分、粒度、细度（固体）	《肥料和土壤调理剂 水分含量、粒度、细度的测定》	NY/T 3036—2016	最低标明值
	粒度	《固体肥料和土壤调理剂 筛分试验》	GB/T 20781—2006	最低标明值
	密度（液体土壤调理剂）	《液体肥料 密度的测定》	NY/T 887—2010	标明值或标明值范围
	吸水（盐水）指标	《农林保水剂》	NY/T 886—2016	标明值或标明值范围
化学指标	总氮	《肥料 总氮含量的测定》	NY/T 2542—2014	最低标明值
	磷、钾	《土壤调理剂 磷、钾含量的测定》	NY/T 2273—2012	最低标明值
	钙、镁、硅	《土壤调理剂 钙、镁、硅含量的测定》	NY/T 2272—2012	最低标明值
	汞、砷、铬、铅、镉	《肥料 汞、砷、铬、铅、镉含量的测定》	NY/T 1978—2010	最低标明值
	铝、镍	《土壤调理剂 铝、镍含量的测定》	NY/T 3035—2016	标明值或标明值范围
	pH	《水溶肥料 水不溶物含量和 pH 的测定》	NY/T 1973—2010	标明值或标明值范围
有机物质	有机质	《肥料和土壤调理剂 有机质分级测定》	NY/T 2876—2015	最低标明值
生物学特性	生物学毒性试验	《肥料和土壤调理剂 急性经口毒性试验及评价要求》	NY/T 1980—2018	最低标明值
效果评价	土壤调理剂效果评价	《土壤调理剂 效果试验和评价要求》	NY/T 2271—2016	经济效益、社会效益、环境效益

4.6.4.9 土壤调理剂试验示范

根据《土壤调理剂 效果试验和评价要求》（NY/T 2271—2016），对土壤调理剂试验采用国家统一的盆栽试验和条件栽培两种方式。盆栽试验用于精准试验评价，盆钵规格一般为 20cm×20cm、25cm×25cm、30cm×30cm，不少于 3 次重复。如果采用小区试验方式至少设计 3 次重复。

小区试验的是多个等面积小区对比试验，其目的是获得最佳使用量和施用方式。根据测试作物不同，小区面积也要求不同，像小麦、水稻等密植作物小区面积 20～30m²，玉米、棉花等中耕作物小区面积为 40～50m²，像苹果、桃等稀植作物小区面积为 50～200m²。小区用长方形为宜，其长宽比以（2～5）∶1 为佳。

示范试验是指具有广泛代表性的区域农田上开展的展示或验证小区试验效果的试验。对其面积也有一定的要求。

示范试验具体由试验内容、试验周期、试验处理、试验管理、试验记录等部分组成。试验内容包括土壤调理剂特性、使用量和使用方法，试验作物、试验方式、试验农田概况登记本信息。

根据试验目的不同，设计不同的试验周期，但每个效果试验至少进行连续 2 个生长季（6 个月）试验，试验至少设计空白和测试两个处理，试验管理主要在于试验时间地点和供试土壤、供试作物、供试土壤调理剂等基本信息的采集与登记，试验记录主要是试验过程的信息记录，主要有播种期和播种量、施肥时间和数量、灌溉时间和数量、土壤性状、植物学性状、试验环境及天气、病虫害防治和其他农事活动与所用工时等（表 4-42）。

表 4-42　示范试验田面积要求

经济作物	≥3000 亩	示范对照	≥500 亩
大田作物	≥1000 亩	示范对照	≥1000 亩
花卉、苗木、草坪	≥3000 亩	示范对照	≥500 亩

4.6.4.10　土壤调理剂试验效果评估

根据《土壤调理剂　效果试验和评价要求》（NY/T 2271—2016）和供试土壤调理剂特点及试验效果，通过对供试土壤性状、供试作物产量和增产率，以及供试作物生物学性状、经济效益和环境效益进行综合评价，对土壤调理剂做出最终的效果评估。

对于修复污染障碍土壤主要评价指标有汞、砷、镉、铬、铅、有机污染物，土壤养分指标有有机质、全氮、全磷、全钾和中微量元素等，土壤生物指标有脲酶、磷酸酶、蔗糖酶、细菌、真菌、放线菌、蚯蚓数量等。植物生物学指标有出苗率、株高、叶片数量、根重、产量、果重、千粒重、糖分、总酸度、蛋白质、维生素 C 和氨基酸等。

根据以上数据，通过对不同形状指标与对照区对比数据的统计学检验，得出差异极显著、差异显著或差异不显著的结论，并采用科技论文格式将相关内容撰写到试验报告中。试验报告可以从土壤调理剂对供试土壤影响效果、供试作物产量或品质影响效果、供试作物抗逆性影响或经济效益或生态环境效益影响等方面进行试验效果评价（表 4-43）。

表 4-43　土壤改良评价指标

供试障碍土壤	必需评价指标	参考评价指标
沙性障碍土壤	田间持水量、容量、水稳定性团聚体	萎蔫系数、阳离子交换量
黏性障碍土壤	田间持水量、容量、水稳定性团聚体	萎蔫系数、阳离子交换量
土壤结构障碍土壤	田间持水量、容量、水稳定性团聚体	萎蔫系数、氧化还原电位
酸性障碍土壤	pH、硅铝率	硅铁率、阳离子交换量
盐化障碍土壤	pH、土壤全盐量及离子组成、脱盐率	阳离子交换量
碱化障碍土壤	pH、总碱度、碱化度	阳离子交换量
土壤水分障碍土壤	田间持水量、萎蔫系数	氧化还原电位

4.6.5 土壤调理剂反应机理

免深耕土壤调理剂，能促进土壤形成良好的团粒结构，使土壤变得疏松（深度可达 1m 左右），增加土壤中胶体的数量，提高土壤保肥、保水能力，从而使土壤达到少耕免耕的目的。免深耕土壤调理剂作为一种土壤微粒结构促进剂和活化剂，它能够打破土壤表层的张力，使水分快速渗入土壤之中，起到破坏土壤板结、疏松土壤、加深土壤耕作层的作用。

土壤保水剂是一种合成的三维网状结构有机高分子聚合物，主要是聚丙烯酰胺类，具有吸水、储水和保水的性能，安全环保、无污染，分解后没有任何的残留，分解物为水、二氧化碳、氨态氮和钾离子。其可以提高土壤的饱和含水量，降低饱和导水率，减缓土壤对水分的释放速度和减少土壤中水分的渗漏，使用之后节水率达 50%左右。它在土壤中能够迅速吸收雨水和灌溉水，并将其进行保存，不渗漏，从而保证了植物根基范围的水分，缓慢释放供植物吸收利用，保证作物的稳产高产。保水剂根据自身保水的特点可以调节土壤的温差。在沙壤土中掺入 0.1%～0.2%的保水剂，经过对表层 10cm 的土壤进行检测，数据显示，昼夜温差减小为 11～13.5℃，而没有掺保水剂的土壤的温差减小为 11～15℃。

土壤碱性调理剂在施入土壤后与土壤里的 CO_3^{2-}，HCO_3^- 产生化学反应，使土壤中的碱性趋于中性或酸性。氨基酸可提供植物生长需要的大部分氨基酸，氨基酸中的有机质可以改良土壤，增加土壤性能。其中的氨基酸直接被作物吸收后为作物自身提供营养成分；柠檬酸的 pH 能够迅速调节土壤中的 pH，反应形成的柠檬酸钠盐能够被水冲走，在土壤中无残留，即使有残留物也能够被作物直接吸收；其中的亚磷酸能够缓释 pH 的释放，有效调节 pH，延长改良剂的时效性。因此，土壤碱性调理剂具有改善土壤理化性质、抑制盐分上升、中和土壤碱性、增加土壤有机质和肥力、提高盐碱地产量、明显改善农产品质量等优点，被广泛应用于中低产田，改良盐碱地，治理荒漠绿化。

4.6.6 固体土壤调理剂的生产工艺

土壤调理剂由于产品原料和产品形态的不同，其生产工艺也不尽相同，产品的形态分为固体调理剂和液体调理剂，固体土壤调理剂居多。

以天然矿物类或有机废弃物为主要原料的土壤调理剂的生产工艺实质上是将各种单一的原料分别破碎后按照原料配方（包括添加一定比例的添加剂等）进行定量，然后再进行混合搅拌、造粒、烘干、冷却、筛分、包装等生产过程。另外，可以根据实际需要，在原料的破碎环节辅以烘干、除尘设备。通常在各烘干、冷却的工序后都应该安装除尘、净化设备。常见土壤调理剂生产工艺流程如图 4-24 所示。

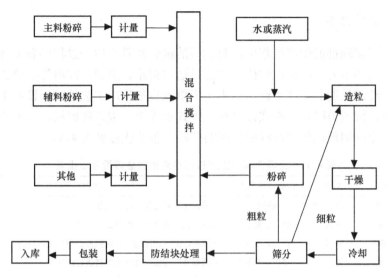

图 4-24 常见土壤调理剂生产工艺流程

4.6.7 固体土壤调理剂的设备选型

土壤调理剂制造工艺的核心与肥料的制造工艺的核心一样,其核心都是造粒工艺和设备,一旦造粒工艺和设备确定后,其他系统的工艺和设备也就随之可以得到确定,具体设备选型见复混肥生产设备选型,一般设备布置图见图 4-25。

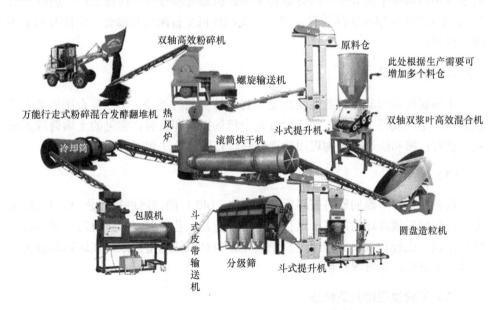

图 4-25 设备布置图（彩图请扫封底二维码）

4.6.7.1 破碎设备

在土壤调理剂的生产过程中，对物料的破碎是整个生产过程的首要环节，也是最重要的环节之一。机械破碎一般都是通过挤压、磨剥、冲击等破碎原理来细化原料。经过长期的生产实践，适用于土壤改良剂生产工艺的破碎设备主要有颚式破碎机、锥式破碎机、旋式破碎机、锤式破碎机、辊式破碎机、反击式破碎机等几种。土壤调理剂生产过程中常用的破碎设备及优点见表4-44。

表4-44 土壤调理剂生产过程中常用的破碎设备及优点

设备名称	类型	主要破碎原理	优点
颚式破碎机	卧式	挤压	大破碎比、粒度细、连续运作
旋式破碎机	立式	挤压、磨剥	大破碎比、高产量、粒度细、节能高效
锥式破碎机	卧式	挤压、磨剥	产量高、破碎粒度均匀、能耗低、适应工况能力强
辊式破碎机	卧式	挤压、磨剥	可调整破碎程度、能对水物料进行破碎
锤式破碎机	卧式	冲击	能破碎中等硬度及脆物料、生产效率高、破碎比大、耗能少、维修方便
反击式破碎机	立式/卧式	冲击、磨剥	破碎效率高、出料细而均匀，能耗低、维修方便

4.6.7.2 混合、配料设备

土壤调理剂生产工厂一般都采用人工计量，为了克服立式搅拌机定量加入原料混合不均匀带来的弊端，同时也为了保证机器连续作业，现在工厂一般都安装2~4台（具体可根据实际情况调整）立式搅拌机交替配料和混合，这样有利于不间断供料。

4.6.7.3 造粒方法

土壤调理剂因其原料的性质决定了其造粒工艺的类型，不像复合肥的造粒工艺那么广泛。我国土壤调理剂进行过几十年的探索和发展，常见的土壤调理剂造粒工艺有：掺和法、干粉物理团粒造粒法、转鼓造粒法和圆盘造粒法等。

（1）掺和法

掺和法是将干燥的原料破碎后经过100~140目的筛网进行筛分，然后按照配方比例配料后搅拌均匀即可。这种工艺的特点是工艺简单，配比灵活，原料仍然保持原状，比较直观，养分比例易于调整。但是其缺点是：原料在运输和施用过程易产生分离，易吸湿结块。

（2）干粉物理团粒造粒法

干粉物理团粒造粒工艺技术是把需要的原料破碎筛分后进行定量和混合，加

入水或蒸汽和黏结剂加热后在转动的圆盘或转筒中团聚造粒的工艺技术，在物料造粒的过程中，通常造粒机内的最佳温度是 50~80℃，最佳的含水量是 2.5%~7.5%。

（3）转鼓造粒法

转鼓造粒又称为滚筒造粒，转鼓造粒机是土壤调理剂造粒设备中应用最广泛的设备之一。主要工作方式为团粒湿法造粒，通过一定量的水或蒸汽，使基础肥料在筒体内调湿后充分进行物理（或化学）反应，在一定的液相条件下，借助筒体的旋转运动，使物料粒子间产生挤压力团聚成球。

（4）圆盘造粒法

圆盘造粒的工艺原理是，所有原料混合后进入圆盘造粒，圆盘通过转动使物料团聚成球。圆盘造粒的特点是设备简单，投资少，建设速度快。圆盘造粒的缺点是只适合小规模生产，效率低下，日产量只有几十吨，而且适用的配方有限制，所用物料需要有黏性，只适合生产浓度低的产品。

4.6.7.4　造粒设备

土壤调理剂常见的造粒设备有圆盘造粒机、转鼓造粒机、挤压造粒机及滚筒造粒机，其特点如下所述。

圆盘造粒机盘内衬高强度玻璃钢，具有造粒均匀、成粒率高、运转平稳、设备坚固耐用、使用寿命长等优点，是土壤调理剂造粒常用的设备之一。圆盘造粒机不仅可以在无需干燥工艺的情况下进行常温造粒，而且其动力小、运行可靠、无污染，还有原料适应性广泛的特点。

转鼓造粒机用橡胶工程塑料作内衬，原料不易粘筒，起到了防腐保温的作用。通过蒸汽加热提高物料的温度，使物料成球后水分降低，从而提高干燥效率，成球率可达 70%，返料不但少而且颗粒度也小，可重新造粒。同时，该造粒设备还具有产量大、动力耗能少、维修费用低的特点。

挤压造粒机是通过注入一定量的水或蒸汽，使基础物料在筒体内调湿后充分发生物理（或化学）反应，在一定的液相条件下，借助筒体的旋转运动，使物料粒子间产生挤压力团聚成球。挤压造粒机的挤压造粒产品外形不如转鼓造粒等传统方法生产的颗粒圆整；如果产品颗粒内的配料组分间若发生化学反应，可能导致颗粒崩裂。

4.6.7.5　烘干设备

烘干设备，是指通过一定技术手段，干燥物体表面的水分或者其他液体的一系列机械设备的组合。在土壤调理剂的生产过程中，一般有两道烘干工序，一是对原料的烘干；二是对调理剂成品的烘干。很多工业企业因为产量大，为了节省经济成本通常对原料很少使用烘干设备，而是采用自然晾晒的方法。

土壤调理剂生产过程中通常采用转筒烘干机。转筒烘干机不仅热功率输出稳定、热效率高、节能环保，而且还能在烘干机前段进行二次造粒。转筒烘干机的热源来源于烘干机本身。

4.6.7.6 冷却设备

制冷设备的冷却方式有直接冷却和间接冷却两种。直接冷却是将制冷机的蒸发器安装在制冷装置的箱体内或建筑物内，利用制冷剂的蒸发直接冷却其中的空气，通过冷却空气的方式来冷却物体。这种冷却方式有着冷却速度快、传热温差小、系统简单的优点。因而在化工生产中一般都采用的是直接冷却设备，土壤调理剂生产过程中同样采用这种冷却设备。

烘干后的产品往往温度较高，其硬度和强度都比较差，同时筛分困难，而且不能直接进行包装。所以对烘干出来的产品进行及时冷却处理是十分必要的。年产量万吨以上的化工厂现在都安装有冷却设备。

4.6.7.7 筛分设备

筛分设备就是利用旋转、振动、往复、摇动等动作将各种原料和各种初级产品经过筛网按物料粒度大小分成若干个等级，或是将其中的水分、杂质等去除，再进行下一步的加工和提高产品品质时所用的机械设备。筛分设备种类繁多，在土壤调理剂生产过程中常用的筛分设备有振动筛、往复摆动筛和滚筒筛3种。

振动筛和往复摆动筛的效果基本相同。振动筛是利用振动电机或偏重轮旋转时物料在筛面上被抛起，同时向前做直线运动加以合理匹配的筛网达到筛分目的。往复摆动筛是通过利用偏心带动弹性连杆使筛床摆动达到筛分的目的。

滚动筛具有筛分效率高、运行平稳、噪声低、筛孔不易堵塞、整体性可靠、易于密闭收尘、结构简单、维修方便的优点。该筛还有筛区分为两段的特点，安装不同的筛网，经过筛分后的成品颗粒均匀、美观。

化工厂在安装冷却设备的同时基本都会配置滚筒筛。

4.6.7.8 其他设备

在土壤调理剂生产中，常见的输送设备有带式输送设备（又称为胶带输送设备）和大倾角输送设备两种，其选择可以根据厂房的实际情况来确定。还有一种运输设备便是斗式提升机，这种设备比较适合造粒以后的工序。

在整个土壤调理剂的生产过程中不可避免地要涉及除尘及物料的回收问题。

近年来，随着国家对大气污染治理力度的加强，做好生产过程中除尘和物料的回收是企业应尽的责任和义务，也引起了企业的高度重视。环保部门对当地的企业在生产过程中的除尘标准都有明确规定。目前，比较成功的是采用 2～4 级沉降室外加一级旋风除尘或用二级旋风扩散式除尘器除尘，有的还需要再加一级湿式除尘。

4.6.8　液体土壤调理剂的生产工艺

以前，国内中小型化肥厂的成品包装多数用手动称量包装，劳动强度大、计量精度低。现在，很多化工企业都采用了动作迅速可靠、抗干扰强，具有灵活的逻辑判断和运行功能的自动包装机，将计量精度提高到 0.5%以内。

液体土壤调理剂的生产工艺与常见的固体调理剂的生产工艺完全不同，它是将所需的原料经过处理之后放入发酵罐之中，再加入特定的有益种菌进行发酵，然后在发酵产生的液体中根据国家标准添加养分，以此来保证其品质，最后将液体进行装罐包装的一种生产工艺流程。该设备主要由反应罐、离心泵、过滤器、储料罐、装罐机、压盖机及相应的管道组成。图 4-26 是液体土壤调理剂的生产工艺流程示意图。

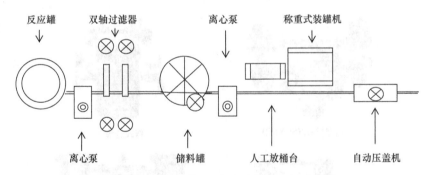

图 4-26　液体土壤调理剂生产工艺流程示意图

4.6.9　液体土壤调理剂的设备选型

4.6.9.1　发酵罐的选型

工业上用的发酵罐通常由不锈钢材料制成，容积在 1 立方米到数百立方米之间，罐体内需要有搅拌装置，用于在发酵过程中对罐体内物料的搅拌。罐体上还应该设有通气装置，为菌类的生长提供所需要的空气或氧气。罐体上最好还应该装置 pH 电极和 DO 电极检测设备，用来检测发酵过程中 pH 和 DO 的数据变化。在选择发酵罐的时候还应该充分考虑其密闭性及在线清洗和灭菌的难易度。发酵罐的容量根据生产能力来进行选取。

（1）离心泵选型

常用立式结构的离心泵，该泵的进出口口径相同，安装在管路中还能起到阀门的作用。在对离心泵进行选型时要考虑泵的正常运转时产生的径向和轴向负荷及轴封的密封性，最好选用采用了进口的钛合金密封环、中性耐高温机械密封和硬质合金材质、耐磨密封的轴承。该类离心泵使用寿命长，维护简单方便，在管道布置的时候还能根据需要对其采用竖式或立式安装。

（2）过滤器选型

过滤器的种类繁多，其结构和功能也有所差异。Y 型过滤器、T 型过滤器和篮式过滤器都能滤除流体中的较大颗粒的固体杂质，保证机器设备的正常工作和运转，且清洗维护方便。双联切换过滤器是采用了两个三通球阀，将两个过滤器组装在一个机架上而形成。该过滤器除了具备单筒过滤器的特点之外，还有在清洗维护其中一个过滤器的时候，另外一个能正常工作和运转，确保生产线连续工作的优点。双联切换过滤器在不停车的生产线使用较为普遍。图 4-27 为常见过滤器图示。

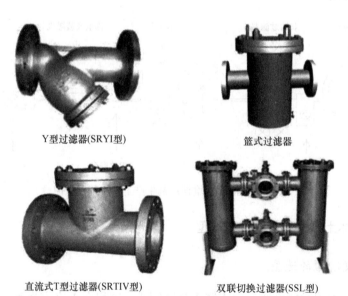

Y型过滤器(SRYI型)　　　　　　　　　篮式过滤器

直流式T型过滤器(SRTIV型)　　　　　双联切换过滤器(SSL型)

图 4-27　常见过滤器图示（彩图请扫封底二维码）

4.6.9.2　储料罐的选型

常见的液体储料罐有钢衬塑储料罐和以聚丙烯为材质的塑料储料罐。钢衬塑储料罐与塑料储料罐相比，具有强度高、抗压力好、耐高温的优点。

4.6.9.3　称重式灌装机选型

称重式灌装机主要由储存箱、推桶机、装罐机、称重机、传送机等几部分构成，在可编程控制器（PLC）的控制下进行装罐、称重等相关工作的设备。装罐机通常采用物料的自重自行进入容器之中的方式进行转关工作。称重机由无动力运输机和计量控制器组成，控制器的传感程度决定了计量的精准程度。

4.6.9.4　压盖机设备选型

在化工生产领域通常采用自动旋盖机。自动旋盖机按构造原理可分为直线式旋盖机和螺旋式旋盖机；按旋盖速度可分为高速旋盖机、中速旋盖机和低速旋盖机。该设备可适用于不同材质和规格的容器的旋盖工作，具有自动调整主机转速，自动计数，旋盖松紧程度相同和便于与其他设备组合的特点。

4.6.9.5　设备选购应注意的问题

在对设备做出具体分析之后，对于选择哪家厂家设计、制造的设备，还应该从以下几个方面考虑，具体设备选型参照液体肥设备选型参数如下所述。

1）对设备的基本参数的对比，如产品规格、型号、外形尺寸、类型、动力配置、转速、设计产量等。

2）传动系统型信息，如布置型式、动力装置、工作原理、轴承规格、齿轮强度等。

3）除了常规的参数外，还应该充分考虑设备的维修难易程度、能耗等。

（本节作者：俄胜哲、车宗贤、袁金华）

（本章作者：冯守疆、李娟、李永安、赵欣楠、李忠、
俄胜哲、车宗贤、袁金华、杨君林）

第5章　质量检测方法与仪器

建立肥料检验检测机构，配备适宜的检测设备，使用专业的检测人员，完善管理制度，加强制度保障与管理，提高检测数据和结果的准确性与需要检测项目的完整性，是检验检测机构的基本要求；是为社会服务，维护市场秩序，打击假冒伪劣产品，保护农民利益，为生产企业进行质量把关，全面提升产品质量的重要手段；是检验检测机构为政府掌握产品质量状况，提供政府决策依据的技术保障；是保护环境质量，为广大农民群众实现科学施肥、科学种植的重要技术支撑。

5.1　检验检测机构的基本要求

目前,化肥检验检测机构有取得检验检测机构资质认定/计量认证证书（CMA）或中国合格评定国家认可委员会检验检测机构认可证书（CNAS），向社会出具具有证明作用的数据、结果的专业检验检测机构和企业设立的为化肥生产服务的检验检测机构。

5.1.1　专业检验检测机构的基本要求

专业检验检测机构是为司法机关作出的裁决，为行政机关作出的行政决定，为仲裁机构作出的仲裁决定，为社会经济、公益活动出具具有证明作用的数据、结果的机构，需取得相应资质后方能开展授权范围内的工作，其基本条件如下：①依法成立并能够承担相应法律责任的法人或者其他组织。有明确的法律地位，对其出具的检验检测数据、结果负责，并承担相应法律责任。不具备独立法人资格的检验检测机构应经所在法人单位授权。②有明确其组织结构及质量管理、技术管理和行政管理之间的关系。③有与其检验检测活动相适应的检验检测技术人员和管理人员，技术负责人应具有中级及以上相关专业技术职称或同等能力，全面负责技术运作；质量负责人应确保质量管理体系得到实施和保持；授权签字人应具有中级及以上相关专业技术职称或同等能力，并经资质认定部门批准。对抽样、操作设备、检验检测、签发检验检测报告或证书及提出意见和解释的人员，依据相应的教育、培训、技能和经验进行能力确认并持证上岗。应由熟悉检验检测目的、程序、方法和结果评价的人员，对检验检测人员包括实习员工进行监督。④具有固定的工作场所，工作环境满足检验检测要求。⑤有满足检验检测（包括抽样、物品制备、数据处理与分析）要求的设备和设施。设备管理应符合相关要求，检验检测的设施有利于检验检测工作的正常开展。⑥具有并有效运行保证其检验检测活动独立、公正、科学、诚信的与其活动范围相适应的质量管理体系。

5.1.2　企业设立的检验检测机构的基本要求

企业设立的检验检测机构是企业内部独立行使职权的职能部门，是企业质量体系的一个重要组成部分，对于企业内部，它是站在客观的立场，对本企业的产品进行质量把关的部门，对于企业外部，它是代表企业向相关部门及客户提供质量证据的部门。其作用体现在对企业生产所用原、辅材料进行入厂检验、把关，对生产过程及半成品质量进行过程检验，对成品及出厂产品进行质量把关防止不合格品出厂，对企业的产品研发及工艺数据的优化提供科学依据及技术支撑。但不能出具具有证明作用的数据、结果，其基本条件如下：①有相应的独立行使职权的职能部门。②有满足企业生产产品相适应的检验检测技术人员。检验人员应具备相应的管理知识、操作能力，其操作是否符合检验规程，并正确作出判断，定期对相关人员进行专业培训。③有满足企业生产产品相适应的固定的工作场所。④有满足企业生产产品（原材料、过程检验、出厂检验）要求的设备、设施和满足相关标准要求的检验环境。⑤有与企业管理相配套的检验管理制度并有效实施。如实验室管理制度、仪器设备管理制度、实验室安全管理制度、文件（档案）资料管理制度、试剂管理制度等。

5.2　基本硬件条件

根据实验室的功能定位、检测主要任务等要求，依据经济实用、安全健康等原则，实验室的硬件条件应达到功能完备，设施、设备齐全，相互试验无干扰的要求。

5.2.1　实验室基础条件

实验室具有通风设备、特定的给排水管道、特殊的电路、试验台等基本硬件条件。

5.2.2　功能室划分

实验室根据功能的不同，划分为样品室、天平室、试剂室、测试分析室等功能不同的独立空间。

5.2.2.1　样品室

样品室也可以分为样品保存室和样品前处理室两部分。样品从采集完成后，基本都在实验室里流转，而样品室是承担样品管理职责的重要地方。每样样品入库时应贴标、排放、入账。

其功能是：需要检测样品的前处理，如风干、研磨；也是待检测或者已检测样品存放的地方，一方面保证需要检测的样品能够在最有效的时间内查找到，另一方面保证已检测样品在规定的时间内能找到进行再次复查。

5.2.2.2 试剂室

试剂室是存放及管理试验所需试剂的地方。管理原则是：①要保证试剂室阴凉、通风、干燥，有防火、防盗设施。②按性质分类存放、科学保管，如无机物可按酸、碱、盐分类；受光易变质（如浓硝酸、硝酸银、溴化银、碘化银、氯水、溴水、高锰酸钾、过氧化氢）的应装在避光容器内；易挥发、溶解的（如浓盐酸、浓硝酸、浓氨水）要密封；长期不用的，应蜡封；装碱的玻璃瓶不能用玻璃塞；易升华的（如萘、蒽、碘）要存放在冰箱中等。③易爆、易燃等危险试剂要严加管理，存放柜体应带锁，由专人管理，如氧化剂和有机过氧化物等。④用不上的危险试剂，应及时调出，变质失效的要及时销毁，销毁时要注意安全，不得污染环境。

5.2.2.3 天平室

天平室是保存称量所需仪器及称取试验所需样品重量的地方。具体要求是：①为了确保称量的准确性，应该保证天平室的干净、整洁。②操作台应平稳无振动。③保持室内温湿度恒定，最佳环境是温度$20℃$，$±5℃$，相对湿度（RH）85%以下。④天平室不能存放物品，如试剂、样品等；不能进行样品的前处理，如粉碎、研磨等；也不能进行其他操作，如试剂瓶的清洗等工作；更不能与其他仪器设备共同排放在一个空间。

5.2.2.4 测试分析室

测试分析室是进行样品项目检测的地方。具体要求是：①最好将不同的仪器设备分置于不同的房间内，这样既能避免在测定不同项目时的相互打扰，也可以保护仪器设备不受不相干环境的影响，如风尘、挥发液等。如条件受限，可以将工作环境相近的仪器设备置于同一房间。②每台仪器设备附件应悬挂该仪器设备的操作规程或流程及仪器设备使用记录。

5.2.2.5 档案室

档案室是统一保管和管理实验室相关档案资料的地方。具体要求是：①保存和管理的资料主要有仪器设备档案，包括使用说明、配件等信息；人员档案，包括人员信息、培训记录等；样品测定数据档案，包括每批样品的测定指标、数据及测定方法、人员等。②档案按照类别编号，整齐排放。③控制室内温湿度、防火、防盗等管理。

5.3　仪　器　配　置

实验室通常有以下设备，在肥料检验过程中可以根据检测的目的及要求，选配相应的仪器设备。

5.3.1　实验室一般仪器

pH 计（酸度计）、电子天平、高温消解炉、烘箱、恒温水浴振荡器、恒温培养箱、玻璃器皿（包括培养皿、三角瓶、滴定管等）等。

5.3.2　专用及大型仪器

1）紫外分光光度计：在紫外可见光区任意选择不同波长的光。物质的吸收光谱就是物质中的分子和原子吸收了入射光中的某些特定波长的光能量，相应地发生了分子振动能级跃迁和电子能级跃迁的结果，可根据吸收光谱上的某些特征波长处的吸光度的高低判别或测定该物质的含量。

2）原子吸收分光光度计：又称为原子吸收光谱仪，根据物质基态原子蒸汽对特征辐射吸收的作用来灵敏可靠地测定微量或痕量元素。一般由光源（单色锐线辐射源）、试样原子化器、单色仪和数据处理系统（包括光电转换器及相应的检测装置）四大部分组成。根据原子化器的不同，可以分为火焰原子吸收分光光度计和石墨炉原子吸收分光光度计。

3）高速冷冻离心机：利用高速冷冻离心机转子高速旋转产生的强大的离心力，加快液体中颗粒的沉降速度，把样品中不同沉降系数和浮力密度的物质分离开。

4）凯式定氮仪：将样品与硫酸共热使其中的氮转化为硫酸铵，当混合物变得无色且透明时加入少量氢氧化钠，然后蒸馏。这一步会将铵盐转化成氨。而总氨量会由反滴定法确定：冷凝管的末端会浸在硼酸溶液中。氨会和酸反应，而过量的酸则会在甲基橙的指示下用碳酸钠滴定。所得的结果乘以特定的转换因子就可以得到结果。

5）流动分析仪：把一定体积的试样溶液注入到一个流动、非空气间隔的试剂溶液载流中，被注入的试样溶液流入反应盘管，形成一个区域，并与载流中的试样混合、反应，再进入流通检测器进行测定分析及记录。

6）火焰光度计：以发射光谱为基本原理的一种仪器，利用火焰本身提供的热量，激发碱土金属中的部分原子，使这些原子吸收能量后跃迁至上一个能量级，这个被释放的能量具有特定的光谱特征，即一定的波长范围的原理来进行测定分析。

7）高效液相色谱仪：由储液器、泵、进样器、色谱柱、检测器、记录仪等几部分组成。储液器中的流动相被高压泵打入系统，样品溶液经进样器进入流动相，被流动相载入色谱柱（固定相）内，由于样品溶液中的各组分在两相中具有不同的分配系数，在两相中做相对运动时，经过反复多次的吸附-解吸的分配过程，各组分在移动速度上产生较大的差别，被分离成单个组分依次从柱内流出，通过检测器时，样品浓度被转换成电信号传送到记录仪，数据以图谱形式打印出来。

8）等离子体发射光谱仪：以等离子体炬作为激发光源的一种发射光谱分析技术。其中以电感耦合等离子体作为激发光源的发射光谱分析方法称为电感耦合等离子体发射光谱仪，电感耦合等离子体焰矩温度可达 6000～8000K，当将试样由进样器引入雾化器，并被氩载气带入焰矩时，则试样中组分被原子化、电离、激发，以光的形式发射出能量。不同元素的原子在激发或电离时，发射不同波长的特征光谱，故根据特征光的波长可进行定性分析；元素的含量不同时，发射特征光的强弱也不同，据此可进行定量分析。

9）原子荧光光度计：利用硼氢化钾或硼氢化钠作为还原剂，将样品溶液中的待分析元素还原为挥发性共价气态氢化物（或原子蒸汽），然后借助载气将其导入原子化器，在氩-氢火焰中原子化而形成基态原子。基态原子吸收光源的能量而变成激发态，激发态原子在去活化过程中将吸收的能量以荧光的形式释放出来，此荧光信号的强弱与样品中待测元素的含量呈线性关系，因此通过测量荧光强度就可以确定样品中被测元素的含量。

5.4 检 测 方 法

表 5-1～表 5-4 列出了肥料中相应元素的检测方法及方法需要执行的标准。可以根据肥料检验的目的及要求，以及所具备的实验仪器等具体情况，选择相应的检测方法。

5.4.1 大量元素的测定

大量元素测定方法见表 5-1。

5.4.2 中微量元素的测定

中微量元素测定方法见表 5-2。

5.4.3 有毒有害元素及其他指标的测定

有毒有害元素及其他指标测定方法见表 5-3。

5.4.4 微生物肥料指标的测定

微生物肥料指标测定方法见表 5-4。

表 5-1　大量元素测定方法简表

测定项目名称	测定方法名称	执行标准	主要原理	适用范围
总氮	蒸馏后滴定法（仲裁法）	GB/T 8572—2010	在碱性介质中用定氮合金将硝态氮还原，直接蒸馏出氨或者在酸性介质中还原硝酸盐成铵盐，在混合催化剂作用下，用浓硫酸消化，再从碱性溶液中蒸馏氨，将氨吸收在过量的硫酸溶液中，用氢氧化钠标准溶液滴定	复混肥料氮含量测定
	定氮仪法	GB/T 22923—2008	通过凯氏定氮仪直接测定	/
	硫酸过氧化氢氧化法	GB/T 17767.1—2008	在酸性介质中将硝酸盐还原成铵盐，将氨转化成硫酸铵。从碱性溶液中蒸馏出氨，在甲基红-亚甲基蓝混合指示剂液中用氢氧化钠标准溶液滴定	有机-无机复混肥料氮含量测定
	蒸馏后滴定法（仲裁法）	GB/T 2441.1—2008	在硫酸铜的催化作用下，在浓硫酸中加热使样品中的酰胺态氮转化为铵态氮，加入过量碱液蒸馏出氨，吸收在定量的硫酸标准溶液中，在指示剂作用下，用氢氧化钠标准溶液滴定	尿素氮含量测定
	计算法	GB/T 2441.1—2008	仅适用于生产厂家常规分析检验。通过计算产品中的尿素氮、缩二脲氮、亚甲基二脲氮的含量来定量产品的总氮含量	尿素氮含量测定
	杜马斯燃烧法	NY/T 1977—2010	水溶肥	尿素氮含量测定
铵态氮及酰胺态氮	流动分析仪法	GB/T 22923—2008	通过流动分析仪直接测定（660nm 处测定吸光度）	肥料氮含量自动分析仪器法
硝态氮	流动分析仪法	GB/T 22923—2008	通过流动分析仪直接测定（550nm 处测定吸光度）	
水溶性磷和有效磷	磷钼酸喹啉重量法（仲裁法）	GB/T 10209.2—2010	用水和乙二胺四乙酸二钠溶液提取磷酸二铵、磷酸二铵中的水溶性磷和有效磷，提取中的正磷酸根离子在质酸性介质中与喹啉钼酸酮试剂生成黄色磷钼酸喹啉沉淀，用重量法测定	磷酸一铵、磷酸二铵的测定
	磷钼酸喹啉容量法	GB/T 10209.2—2010	用水和乙二胺四乙酸二钠溶液提取磷酸一铵、磷酸二铵中的水溶性磷和有效磷，提取中的正磷酸根离子在质酸性介质中与喹啉钼酸酮试剂生成黄色磷钼酸喹啉沉淀，用容量法测定	磷酸一铵、磷酸二铵的测定

续表

测定项目名称	测定方法名称	执行标准	主要原理	适用范围
磷	流动分析仪法	GB/T 22923—2008	通过流动分析仪直接测定（420nm 处测定吸光度）	肥料磷含量自动分析仪测定法
	分光光度法	NY 525—2012	样品采用硫酸-过氧化氢消煮，在一定酸度下，待测液中的磷酸根离子与偏钒酸和钼酸反应生成黄色三元杂多酸，在一定范围内，黄色溶液的吸光度与含磷量成正比	有机肥料磷含量测定
钾	四苯硼酸钾重量法（仲裁法）	GB/T 17767.3—2010	在弱碱性介质中，加入 EDTA 掩蔽干扰离子，以四苯硼酸钠沉淀样品中的钾离子，使阴离子与乙二胺四乙酸二钠盐络合，将沉淀过滤、干燥、称重	有机-无机复混肥料钾含量测定
钾	流动分析仪法	GB/T 22923—2008	通过流动分析仪和火焰光度计测定	肥料钾含量自动分析仪法测定
	火焰光度计法	NY 525—2012	样品采用硫酸-过氧化氢消煮，稀释后用火焰光度计测定，在一定范围内，溶液中的钾浓度与发射强度成正比	有机肥料钾含量测定
	原子吸收分光光度计法	NY/T 2321—2013	样品经硫酸和过氧化氢消化，稀释后直接喷入空气乙炔火焰中原子化，产生钾原子蒸汽吸收特定波长的波，在一定浓度范围内其吸光度与钾浓度成正比	微生物肥料钾含量测定
水分	卡尔·费休（仲裁法）	GB/T 8577—2010	样品中的游离水与已知水的滴定度的卡尔·费休试剂进行定量反应	/
	真空箱法	GB/T 8576—2010	用真空烘箱烘干称重	/
酸碱度	pH 酸度计法	GB 18877—2009	样品用水溶解，用 pH 酸度计直接测定	/
有机质	重铬酸钾容量法	NY 525—2012	用定量的重铬酸钾硫酸溶液，在加热条件下，使样品中的有机碳氧化，多余的重铬酸钾用硫酸亚铁标准溶液滴定	有机肥料有机质含量测定

表 5-2 中微量元素测定方法简表

测定项目名称	测定方法名称	执行标准	主要原理	适用范围
氯离子	重量法	GB 15063—2009	样品在微酸环境中，加入过量的硝酸银溶液，使氯离子转化为氯化银沉淀，用邻苯二甲酸二丁酯包裹作指示剂，用硫氰酸铁铵标准溶液滴定剩余的硝酸盐	复混肥料氯含量测定
钙	乙二胺四乙酸二钠容量法	GB/T 19203—2003	用三乙醇胺、乙二胺、盐酸羟胺和淀粉溶液消除干扰离子，在 pH 为 12~13 条件下，镁以氢氧化镁形式沉淀，用钙黄绿素为指示剂，用乙二胺四乙酸二钠标准溶液滴定总钙	复混肥料钙含量测定
钙	原子吸收分光光度法（仲裁法）	NY/T 1117—2010	样品中的钙在微酸性介质中，以一定量的锶盐作释放剂，产生的原子蒸汽吸收从钙空心阴极灯射出的特征波长 422.7nm 的光，吸光度与钙浓度成正比	水溶肥料钙含量测定
钙	等离子体发射光谱法	NY/T 1117—2010	样品中的钙在 ICP 光源中原子化并激发至高能态，处于高能态的原子跃迁至基态时产生具有特征波长的电磁辐射，辐射强度与钙浓度成正比	水溶肥料钙含量测定
镁	乙二胺四乙酸二钠容量法	GB/T 19203—2003	用三乙醇胺、乙二胺、盐酸羟胺和淀粉溶液消除干扰离子，在 pH 为 12~13 条件下，镁以氢氧化镁形式沉淀，用钙黄绿素为指示剂，以 K-B 为指示剂，用乙二胺四乙酸二钠标准溶液滴定总钙；在 pH 为 10 条件下，计算镁含量	复混肥料镁含量测定
镁	原子吸收分光光度法（仲裁法）	NY/T 1117—2010	样品中的镁在微酸性介质中，以一定量的锶盐作释放剂，产生的原子蒸汽吸收从镁空心阴极灯射出的特征波长 285.2nm 的光，吸光度与镁浓度成正比	水溶肥料镁含量测定
镁	等离子体发射光谱法	NY/T 1117—2010	样品中的镁在 ICP 光源中原子化并激发至高能态，处于高能态的原子跃迁至基态时产生具有特征波长的电磁辐射，辐射强度与镁浓度成正比	水溶肥料镁含量测定
硫	灼烧法（仲裁法）	GB/T 19203—2003	样品在酸性溶液中，硫酸根与钡离子生成硫酸钡沉淀，经过过滤、洗涤、灼烧、称重，计算硫含量	复混肥料硫含量测定
硫	等离子体发射光谱法	NY/T 1117—2010	样品中的硫在 ICP 光源中原子化并激发至高能态，处于高能态的原子跃迁至基态时产生具有特征波长的电磁辐射，辐射强度与硫浓度成正比	水溶肥料硫含量测定
铜	原子吸收分光光度法（仲裁法）	GB/T 14540—2003	铜的特征波长 324.6nm 的光，吸光度大小与待测元素的基态原子浓度成正比	复混肥料铜含量测定
铜	等离子体发射光谱法	NY/T 1974—2010	样品中的铜在 ICP 光源中原子化并激发至高能态，处于高能态的原子跃迁至基态时产生具有特征波长的电磁辐射，辐射强度与铜浓度成正比	水溶肥料铜含量测定

续表

测定项目名称	测定方法名称	执行标准	主要原理	适用范围
锰	原子吸收分光光度法（仲裁法）	GB/T 14540—2003	锰的特征波长 279.5nm 的光，吸光度大小与待测元素的基态原子浓度成正比	复混肥料锰含量测定
	等离子体发射光谱法	NY/T 1974—2010	样品中的锰在 ICP 光源中原子化并激发至高能态，处于高能态的原子跃迁至基态时产生具有特征波长的电磁辐射，辐射强度与锰浓度成正比	水溶肥料锰含量测定
锌	原子吸收分光光度法（仲裁法）	GB/T 14540—2003	锌的特征波长 213.9nm 的光，吸光度大小与待测元素的基态原子浓度成正比	复混肥料锌含量测定
	等离子体发射光谱法	NY/T 1974—2010	样品中的锌在 ICP 光源中原子化并激发至高能态，处于高能态的原子跃迁至基态时产生具有特征波长的电磁辐射，辐射强度与锌浓度成正比	水溶肥料锌含量测定
硼	甲亚胺-H 分光光度法	GB/T 14540—2003	样品用沸水提取，用 EDTA 掩蔽干扰离子，在 pH 为 5 时，硼酸根离子与甲亚胺-H 酸生成黄色配合物，在 415nm 处测定吸光度	复混肥料硼含量测定
	等离子体发射光谱法（仲裁法）	NY/T 1974—2010	样品中的硼在 ICP 光源中原子化并激发至高能态，处于高能态的原子跃迁至基态时产生具有特征波长的电磁辐射，辐射强度与硼浓度成正比	水溶肥料硼含量测定
钼	硫氰酸钠分光光度法	GB/T 14540—2003	样品用稀盐酸提取，用氯化亚锡将六价钼还原成五价钼后与硫氰酸根生产橙红色配合物，在 460nm 处测定吸光度	复混肥料钼含量测定
	等离子体发射光谱法（仲裁法）	NY/T 1974—2010	样品中的钼在 ICP 光源中原子化并激发至高能态，处于高能态的原子跃迁至基态时产生具有特征波长的电磁辐射，辐射强度与钼浓度成正比	水溶肥料钼含量测定
铁	原子吸收分光光度法	GB/T 14540—2003	铁的特征波长 248.3nm 的光，吸光度与铁浓度成正比	复混肥料铁含量测定
	邻菲啰啉分光光度法	GB/T 2441.4—2010	用抗坏血酸将样品中的三价铁还原成二价铁，在 pH 为 2～9 时，二价铁与邻菲啰啉生成橙红色配合物，在 510nm 处测定吸光度	尿素铁含量测定
	等离子体发射光谱法	NY/T 1974—2010	样品中的铁在 ICP 光源中原子化并激发至高能态，处于高能态的原子跃迁至基态时产生具有特征波长的电磁辐射，辐射强度与铁浓度成正比	水溶肥料铁含量测定
钠	火焰光度法	NY/T 1972—2010	样品中的钠原子被火焰的热能激发，当激发的电子从较高能级跃迁至能级较低能级时，产生固定波长的光谱	复混肥料钠含量测定
	等离子体发射光谱法（仲裁法）	NY/T 1972—2010	样品中的钠在 ICP 光源中原子化并激发至高能态，处于高能态的原子跃迁至基态时产生具有特征波长的电磁辐射，辐射强度与钠浓度成正比	水溶肥料钠含量测定
	原子吸收分光光度法	NY/T 1972—2010	通过测定 330.2nm 的发射光谱强度测定钠元素含量	水溶肥料含量测定

表 5-3　有毒有害元素及其他指标测定方法简表

测定项目名称	测定方法名称	执行标准	主要原理	适用范围
缩二脲	高效液相色谱法（仲裁法）	GB/T 22924—2008	采用反相液相色谱法，用紫外检测器，外标法测定	复混肥料缩二脲含量测定
	分光光度法	GB/T 22924—2008	用无水乙醇溶液，利用超声波提取样品中的缩二脲，在硫酸铜、酒石酸钾钠的碱性溶液中生成紫红色配合物，在 550nm 处测定吸光度	
亚甲基二脲	分光光度法	GB/T 2441.9—2010	在浓硫酸作用下，样品中的亚甲基二脲分解生成甲醛和尿素，生成的甲醛与苯二胺缩二钠盐反应，生成紫红色配合物，在 570nm 处测定吸光度	尿素亚甲基二脲含量测定
硫酸盐	目视比浊法	GB/T 2441.8—2010	在酸性介质中，加入氯化钡溶液，与硫酸根离子生成硫酸钡白色悬浮微粒所形成的浊度与标准浊度比较	尿素硫酸盐含量测定
砷	二乙基二硫代氨基甲酸银分光光度计法（仲裁法）	GB/T 23349—009	在酸性介质中，五价砷通过碘化钾、氯化亚锡及初生态还原为三价砷还原生成砷化氢，用二乙基二硫代氨基甲酸银的吡啶溶液吸收，生成红色可溶性胶态银，在 540nm 处测定吸光度	/
	砷斑法	GB/T 23349—2009	在酸性介质中，五价砷通过碘化钾、氯化亚锡及初生态还原为三价砷还原生成砷化氢，生产的黄色色斑深浅与砷浓度成正比	/
	原子荧光光谱法（仲裁法）	NY/T 1978—2010	样品经消解后，加入硫脲使五价砷成三价砷，在酸性介质中，硼氢化钾可将砷还原生成砷化氢，利用原子荧光光谱仪在特征条件下与数测液中的砷浓度成正比	/
镉	原子吸收分光光度法（仲裁法）	NY/T 1978—2010	样品经王水消解后，样品中的镉在空气-乙炔火焰中原子化，产生的原子蒸汽吸收从镉空心阴极灯射出的特征波长 228.8nm 的光，吸光度与镉浓度成正比	/
	等离子体发射光谱法	NY/T 1978—2010	样品经王水消解后，样品中的镉在特征波长的原子在 ICP 光源中原子激发至高能态，辐射强度与镉浓度成正比	/
铅	原子吸收分光光度法（仲裁法）	NY/T 1978—2010	样品经王水消解后，样品中的铅在空气-乙炔火焰中原子化，产生的原子蒸汽吸收从铅空心阴极灯射出的特征波长 283.3nm 的光，吸光度与铅浓度成正比	/
	等离子体发射光谱法	NY/T 1978—2010	样品经王水消解后，样品中的铅在 ICP 光源中原子化并激发至波长的电磁辐射，辐射强度与铅浓度成正比	/
铬	原子吸收分光光度法（仲裁法）	NY/T 1978—2010	样品经王水消解后，样品中的铬在富燃空气-乙炔火焰中原子化，产生的原子蒸汽吸收从空心阴极灯射出的特征波长 357.9nm 的光，吸光度与铬浓度成正比	/
	等离子体发射光谱法	NY/T 1978—2010	样品经王水消解后，样品中的铬在 ICP 光源中原子化并激发至波长的电磁辐射，辐射强度与铬浓度成正比	/
汞	氢化物发生-原子吸收分光光度法	GB/T 23349—2009	样品中的汞用硼氢化钾还原成金属汞，用氩气流将汞蒸汽载入冷原子吸收仪，吸光度与汞原子对波长 253.7nm 的紫外光具有强烈的吸收作用，汞原子化	/
	原子荧光光谱法	NY/T 1978—2010	在酸性介质中，硼氢化钾将消煮试样中的汞还原成原子态汞，利用原子荧光激发发生下产生原子荧光，利用荧光强度在特征条件下与数测液中的汞浓度成正比	/

表 5-4　微生物肥料指标测定方法简表

测定项目名称	执行标准	主要原理	适用范围
蛔虫卵死亡率	GB/T 19524.2—2004	将碱性溶液与样品混合，分离蛔虫卵，然后用密度较蛔虫卵密度大的溶液为漂浮液，使蛔虫卵漂浮在溶液表面，收集检验	/
有效活菌数	NY/T 798—2015	采用活菌计数法或者最可能数法	/
粪大肠菌群数	GB/T 19524.1—2004	培养、分离、检验	/
杂菌率	NY/T 2321—2013	细菌杂菌测定采用营养肉汤琼脂培养基，霉菌及其他真菌杂菌测定采用马丁培养基或 PDA 培养基	/

（本章作者：黄涛、武翻江、颜庭林、车宗贤、李永安）

第6章 肥料工业生产许可证办理与要求

化肥产品作为重要农业生产资料产品，在农业生产中的地位举足轻重，为了提升和保证化肥产品质量，切实保障广大农民的切身利益和合法权益，国家工业产品生产许可证主管部门根据相关法律法规对磷肥、复肥等产品实行生产许可证管理。

多年来，由于生产许可证对企业的生产装备条件、管理制度及检验手段等均有详细完善的规定，通过换发证培训了大量检验人员，促使企业通过技术进步、装备正规的生产设备和合格的检测仪器，使企业的生产检验和管理标准化、规范化。而不具备生产条件和达不到管理要求的企业，由于不能获得生产许可证而无法生产，在市场发展过程中被逐步淘汰，从而使整个复混肥料和磷肥行业发展走上了健康发展的道路。从而扭转了磷肥产品、复肥产品行业的混乱局面；由于在发放生产许可证的过程中规定了基本的生产条件（如原料库和成品库的面积等），并针对磷肥、复肥行业的特点规定了最小生产规模，使许多家庭作坊式企业失去了生存条件，纷纷倒闭。加之国家加大了对无证生产的查处力度，所以近年来很少发生影响全国的大规模的假冒伪劣事件，抽查合格率逐年提高，从而维护了国内正常的化肥市场秩序。

6.1 化肥产品办理工业产品生产许可证的依据

化肥产品在发证初期是由国家质量监督检验检疫总局负责审批发证。自 2009 年 5 月 1 日起，复肥产品按照国家质量监督检验检疫总局 2009 年第 16 号公告《关于电线电缆等 12 类产品生产许可由省级质量技术监督部门负责审批发证的公告》要求，由省级质量技术监督部门负责审批发证；自 2011 年 1 月 1 日起磷肥产品按照国家质量监督检验检疫总局 2010 年第 89 号公告《关于摩托车头盔等 11 类产品生产许可由省级质量技术监督部门负责审批发证的公告》要求，由省级质量技术监督部门负责审批发证。

2017 年根据《国务院关于调整工业产品生产许可证管理目录和试行简化审批程序的决定》（国发〔2017〕34 号）、《关于贯彻落实〈国务院关于调整工业产品生产许可证管理目录和试行简化审批程序的决定〉的实施意见》（国质检监〔2017〕317 号）、《质检总局关于加快推进工业产品生产许可证试行简化审批程序改革有关工作的通知》（国质检监函〔2017〕381 号）和《工业产品生产许可证试行简化审批程序工作细则》（质检总局公告〔2017〕91 号），经国家质量监督检验检疫总局批准，化肥产品实行了"先证后核"的审批程序。

2018 年 11 月 22 日，为落实《国务院关于进一步压减工业产品生产许可证管理目录和简化审批程序的决定》（国发〔2018〕33 号）和《国务院关于在全国推开"证照分离"改革的通知》（国发〔2018〕35 号），国家市场监督管理总局以 2018 年第 26 号的形式公布了最新修订的《工业产品生产许可证实施通则》及相应的实施细则，并于 2018 年 12 月 1 日起实施。目前，所涉及的化肥产品生产许可证已按上述规定办理。

6.2 化肥产品需办理工业产品生产许可证的种类

目前，按照有关规定可以分为磷肥产品、复肥产品两大类。

磷肥产品具体划分为 4 个单元：过磷酸钙（疏松状、粒状）、钙镁磷肥、钙镁磷钾肥和肥料级磷酸氢钙。

复肥产品具体划分为 3 个单元：复合肥料（包含复合肥料、硝基复合肥料、缓释复合肥料、控释复合肥料、硫包衣缓释复合肥料、脲醛缓释复合肥料、稳定性复合肥料、无机包裹型复合肥料、腐植酸复合肥料、海藻酸复合肥料），掺混肥料（包含掺混肥料、缓释掺混肥料、控释掺混肥料、硫包衣缓释掺混肥料、脲醛缓释掺混肥料、稳定性掺混肥料、无机包裹型掺混肥料、含部分海藻酸包膜尿素的掺混肥料），有机-无机复混肥料。

6.3 办理化肥产品工业产品生产许可证的基本条件

1）有经营范围涵盖化肥产品（按行业或大类）的营业执照。

2）有与所生产化肥产品相适应的专业技术人员、技术文件和工艺文件；健全有效的质量管理制度和责任制度。

3）有满足所生产化肥产品的基本生产条件。

4）产品符合有关国家标准、行业标准及保障人体健康和人身、财产安全的要求。

生产磷肥产品应具备的生产设备要求详见表 6-1。

表 6-1 企业生产磷肥产品应具备的生产设备

序号	产品单元	设备名称	设备要求	备注
1	过磷酸钙	（1）原料破碎、研磨设备 （2）硫酸、矿粉（浆）计量设备 （3）混合设备（配酸设备、酸矿混合器） （4）化成设备 （5）硫酸贮槽 （6）成品包装设备	1）矿浆泵仅限于湿法工艺流程要求，干法工艺企业中自产矿粉的必须有烘干机。干法工艺流程还需混酸设备	采用非典型生产工艺的企业，需具备企业工艺设计文件规定的生产设备

续表

序号	产品单元	设备名称	设备要求	备注
1	过磷酸钙	（7）成品包装计量设备 （8）造粒设备 （9）干燥设备 （10）成品筛分设备 （11）氟回收或处理设备 （12）矿浆泵	2）造粒设备、干燥设备、成品筛分设备为颗粒过磷酸钙生产企业所必备；若粒状过磷酸钙生产企业的原料为成品粉状过磷酸钙，生产设备和工艺装备只有成品包装设备、成品包装计量设备、造粒设备、干燥设备、成品筛分设备为必备 3）若企业所用原料为磷矿粉，原料破碎、研磨设备可不作要求，但需提供近半年进货台账（新建不满半年的企业提供所有进货台账）	
2	钙镁磷肥、钙镁磷钾肥	（1）配料计量设备 （2）高炉上料设备 （3）热风炉 （4）高炉 （5）高炉气净化除尘设备 （6）风机（热风机和鼓风机） （7）氟回收或处理设备 （8）烘干磨细设备 （9）成品包装设备 （10）成品包装计量设备	/	采用非典型生产工艺的企业，需具备企业工艺设计文件规定的生产设备
3	肥料级磷酸氢钙	（1）燃烧炉 （2）干燥机 （3）干燥机进出口风温测定仪 （4）鼓、引风机 （5）气固分离设备 （6）含尘气体净化回收设备 （7）成品包装设备 （8）成品包装计量设备	/	

生产复肥产品的具体生产设备要求详见表 6-2。

表 6-2　企业生产复肥产品应具备的生产设备

序号	产品单元	设备名称	设备要求	备注
1	复合肥料	（1）配料计量设备 （2）混合设备或化学合成设备 （3）造粒设备 （4）干燥设备（无干燥工序不要求） （5）冷却设备（无干燥工序不要求） （6）干燥机进出口风温度测定仪（无干燥工序不要求）	1）造粒设备：采用圆盘造粒工艺的，圆盘直径≥3m 或者配备两个直径≥2.8m 的圆盘；采用转鼓造粒工艺的，转鼓造粒机直径≥1.5m；采用挤压造粒工艺的，挤压造粒机产品说明书中规定的产能≥5 万 t/a 或同一条生产线不同挤压机混合后总和产能≥5 万 t/a；采用高塔造粒工艺的，高塔直径≥9m	

续表

序号	产品单元	设备名称	设备要求	备注
1	复合肥料	(7) 成品筛分设备 (8) 成品包装设备 (9) 成品包装计量设备 (10) 从配料计量到产品包装形成连续的机械化生产线 (11) 气体除尘净化回收设备 (12) 排风设备	2) 干燥设备: 干燥机至少一台, 直径≥1.5m, 长度≥15m 3) 冷却设备(包装前物料温度≤50℃): 冷却机至少一台, 直径≥1.2m, 长度≥12m 4) 具有缓控释功能的复合肥料应具备缓释剂配制和喷涂设备	
2	掺混肥料	(1) 筛分设备 (2) 自动配料计量设备 (3) 混合设备 (4) 成品包装设备 (5) 成品包装计量设备 (6) 从自动配料计量到产品包装形成连续的机械化生产线	自动配料计量设备: 必须是自动配料装置(有自动控制系统), 配料口≥3个	①采用非典型生产工艺的企业, 需具备企业工艺设计文件规定的生产设备 ②同一条生产线、同一套检测仪器仅限于一家企业的生产许可证申请。同一企业的复合肥料、掺混肥料申请单元可以共用混合设备、成品包装设备
3	有机-无机复混肥料	(1) 原料粉碎设备 (2) 配料计量设备 (3) 混合设备 (4) 造粒设备 (5) 干燥设备(无干燥工序不要求) (6) 冷却设备(无干燥工序不要求) (7) 干燥机进出口风温度测定仪(无干燥工序不要求) (8) 成品筛分设备 (9) 成品包装设备 (10) 成品包装计量设备 (11) 从配料计量到产品包装形成连续的机械化生产线 (12) 气体除尘净化回收设备 (13) 排风设备 (14) 无害化处理设备设施	1) 造粒设备: 采用圆盘造粒工艺的, 圆盘直径≥2.8m; 采用转鼓造粒工艺的, 转鼓造粒机直径≥1.2m; 采用挤压造粒工艺的, 挤压造粒机产品说明书中规定的产能≥2万t/a或同一条生产线不同挤压机混合后总和产能≥2万t/a 2) 干燥设备: 干燥机至少一台, 直径≥1.2m, 长度≥12m 3) 冷却设备(包装前物料温度≤50℃): 冷却机至少一台, 直径≥1.0m, 长度≥10m 4) 无害化处理设备设施为自产有机质原料需要进行无害化处理时适用	

生产磷肥产品的具体检验设备要求详见表6-3。

表6-3 企业生产磷肥产品应具备的检验设备

序号	产品单元	检验设备	精度或测量范围	备注
1	过磷酸钙	分析天平	万分之一	型式检验(硫的质量分数、三氯乙醛的质量分数、挥发性有机物、砷、镉、铅、铬、汞项目可委托有相应资质的检验机构签订委托检验协议, 所需仪器可不做要求)
		电热恒温干燥箱	(180±2)℃	
		恒温水浴振荡器	(60±1)℃	
		真空抽滤装置	/	

续表

序号	产品单元	检验设备	精度或测量范围	备注
1	过磷酸钙	碱式滴定管	10ml 或 25ml	型式检验（硫的质量分数、三氯乙醛的质量分数、挥发性有机物、砷、镉、铅、铬、汞项目可委托有相应资质的检验机构签订委托检验协议，所需仪器可不做要求）
		酸度计	±0.01 pH	
		磁力搅拌器	/	
		玻璃干燥器	/	
		玻璃坩埚式滤器	4 号，容积 30ml	
		通风橱	/	
		取样器	/	
		试验筛（仅粒状产品需要）	孔径为 1.00mm、4.75mm 或 3.35mm、5.60mm	
		样品粉碎机或研磨装置	/	
		恒温干燥箱	(100±2)℃	
		天平	感量 0.5g	
2	钙镁磷肥	分析天平	万分之一	/
		电热恒温干燥箱	(180±2)℃	
		恒温水浴振荡器	28～30℃	
		恒温干燥箱	(130±2)℃	
		真空抽滤装置	/	
		试验筛	孔径为 0.25mm	
		玻璃干燥器	/	
		玻璃坩埚式滤器	4 号	
		电动振筛机	/	
		通风橱	/	
		取样器	/	
		天平	感量 0.5g	
3	钙镁磷钾肥	分析天平	万分之一	
		电热恒温干燥箱	(180±2)℃	
		恒温水浴振荡器	28～30℃	
		恒温干燥箱	(130±2)℃	
		真空抽滤装置	/	
		试验筛	/	
		玻璃干燥器	/	
		玻璃坩埚式滤器	4 号	
		电动振筛机	/	
		通风橱	/	
		取样器	/	
		天平	感量 0.5g	

续表

序号	产品单元	检验设备	精度或测量范围	备注
4	肥料级磷酸氢钙	分析天平	万分之一	/
		电热恒温干燥箱	（180±2）℃	
		恒温振荡器或恒温水浴	（65±1）℃	
		真空抽滤装置	/	
		电热恒温真空干燥箱或卡式水分测定仪（校准合格）	（50±2）℃	
		玻璃干燥器	/	
		玻璃坩埚式滤器	4 号	
		酸度计	灵敏度 0.01 pH 单位	
		通风橱	/	
		取样器	/	
		托盘天平	分度值为 0.1g	

生产复肥产品的具体检验设备要求详见表 6-4。

表 6-4　企业生产复肥产品应具备的检验设备

序号	产品单元	检验设备	精度或测量范围	备注
1	复合肥料	消化仪器	1000ml 圆底蒸馏烧瓶（与蒸馏仪器配套）和梨形玻璃漏斗	①水分测定也可由卡尔·费休法规定的仪器替代真空烘箱法所需仪器设备 ②氮、磷、钾检测仪器可由氮、磷、钾自动分析仪替换 ③生产具有缓控释功能复肥、硝基复肥、腐植酸复肥、海藻酸复肥时应按照相应标准具备相应检验仪器设备 ④生产时不以尿素为原材料，检验设备可不需要分光光度计和超声波清洗器 ⑤型式检验项目可委托有相应资质的检验机构签订委托检验协议，所需仪器可不做要求
		蒸馏仪器	/	
		防爆沸装置	/	
		消化加热装置	/	
		分析天平	精度 0.1mg	
		蒸馏加热装置	/	
		滴定管	50ml	
		电热恒温干燥箱	±2℃	
		玻璃坩埚式滤器	4 号，容积 30ml	
		恒温水浴振荡器	（60±2）℃	
		分析天平	精度 0.1mg	
		电热恒温真空干燥箱（真空烘箱）	（50±2）℃，真空度可控制在 $6.4×10^4 \sim 7.1×10^4$ Pa	
		带磨口塞称量瓶	直径 50mm，高度 30mm	
		试验筛	孔径为 1.00mm、4.75mm 或 3.35mm、5.60mm	
		天平	感量为 0.5g	
		超声波清洗器	/	
		恒温水浴	（30±5）℃	
		分光光度计	/	
		消化仪器	1000ml 圆底蒸馏烧瓶（与蒸馏仪器配套）和梨形玻璃漏斗	

续表

序号	产品单元	检验设备	精度或测量范围	备注
2	掺混肥料	蒸馏仪器	/	
		防爆沸装置	/	
		消化加热装置	/	
		分析天平	精度 0.1mg	
		蒸馏加热装置	/	
		滴定管	50ml	
		电热恒温干燥箱	±2℃	
		玻璃坩埚式滤器	4 号，容积 30ml	
		恒温水浴振荡器	（60±2）℃	
		分析天平	精度 0.1mg	
		电热恒温真空干燥箱（真空烘箱）	（50±2）℃，真空度可控制在 $6.4×10^4～7.1×10^4$Pa	①水分测定也可由卡尔·费休法规定的仪器替代真空烘箱法所需仪器设备
		带磨口塞称量瓶	直径 50mm，高度 30mm	②氮、磷、钾检测仪器可由氮、磷、钾自动分析仪替换
		试验筛	孔径为 1.00mm、4.75mm 或 3.35mm、5.60mm	③生产具有缓控释功能复肥、硝基复肥、腐植酸复肥、海藻酸复肥时应按照相应标准具备相应检验仪器设备
		天平	感量为 0.5g	④生产时不以尿素为原材料，检验设备可不需要分光光度计和超声波清洗器
3	有机-无机复混肥料	消化仪器	1000ml 圆底蒸馏烧瓶（与蒸馏仪器配套）和梨形玻璃漏斗	⑤型式检验项目可委托有相应资质的检验机构签订委托检验协议，所需仪器可不做要求
		蒸馏仪器	/	
		防爆沸装置	/	
		消化加热装置	/	
		分析天平	精度 0.1mg	
		蒸馏加热装置	/	
		滴定管	50ml	
		电热恒温干燥箱	±2℃	
		玻璃坩埚式滤器	4 号，容积 30ml	
		恒温水浴振荡器	（60±2）℃	
		电热恒温真空干燥箱（真空烘箱）	（50±2）℃，真空度可控制在 $6.4×10^4～7.1×10^4$Pa	
		带磨口塞称量瓶	直径 50mm，高度 30mm	
		分析天平	精度 0.1mg	
		试验筛	孔径为 1.00mm、4.75mm 或 3.35mm、5.60mm	
		水浴锅		
		pH 酸度计	灵敏度为 0.01 pH 单位	

6.4 办理证件程序及基本流程

6.4.1 企业申请生产许可事项及要求

企业申请生产许可事项及要求详见表 6-5。

表 6-5 企业申请生产许可事项及要求

生产许可事项	内容	提交材料	是否进行实地核查	申请期限
发证	首次提出申请、未按规定期限提出延续申请或证书有效期满后重新提出申请	①全国工业产品生产许可证申请单;②产品检验报告;③保证质量安全承诺书	进行实地核查	/
延续	有效期届满企业需要继续生产	①全国工业产品生产许可证申请单;②产品检验报告;③保证质量安全承诺书	进行实地核查（提交《企业申请生产许可证延续免于实地核查承诺书》的，经形式审查合格，免实地核查）	许可证有效期届满 30 日前，不超过 1 年提出
许可范围变更	许可证有效期内，重要生产工艺和技术、关键生产设备和检验设备发生变化的、生产地址迁移、增减生产场点、新建生产线、增减产品、产品升降级	①全国工业产品生产许可证申请单;②产品检验报告(变化后送检的合格报告，减少生产场点、生产线、产品，以及产品降级情形不提交);③保证质量安全承诺书	根据产品实施细则规定，需要进行实地核查的应对企业进行实地核查	发生变化后，一个月内提出
名称变更	在许可证有效期内，企业名称、住所名称或者生产地址名称发生变化，而生产条件未发生变化	①全国工业产品生产许可证申请单;②提交有关行政主管部门出具的变更说明	不进行实地核查	发生变化后，一个月内提出
补领	许可证有效期内,企业生产许可证证书因遗失或毁损申请补领	全国工业产品生产许可证申请单	不进行实地核查	/

6.4.2 产品检验报告要求

产品检验报告为 1 年内由检验检测机构资质认定资格的检验机构出具的判定结论应为合格或符合标准要求的检验报告。报告形式为型式试验报告、委托产品检验报告或政府监督检验报告。

检验报告按照申报的产品单元分别提交单元内任意产品的检验报告，磷肥产品检验报告中的检验项目应当覆盖《化肥产品生产许可证实施细则（二）（磷肥产品部分）》附件 1 中规定的相应产品的检验项目；复肥产品检验报告中的检验项目应当覆盖《化肥产品生产许可证实施细则（一）（复肥产品部分）》附件 1 中规定的相应产品的检验项目；有多个生产地址时，每个地址按照产品单元提供单元内任意产品检验报告。

6.4.3　受理及审批

省级生产许可证主管部门收到企业申请材料后,对申请材料齐全、符合法定形式,或者按照要求提交全部补正材料的,即时作出受理决定,并出具《工业产品生产许可证受理决定书》。

省级生产许可证主管部门经形式审查,对材料齐全、符合法定形式的许可申请,自受理决定之日起 10 个工作日内作出准予许可的决定,并自作出许可决定之日起 10 个工作日内将相关决定文书和电子证书送达企业,生产许可证有效期为 5 年;形式审查不合格的,自受理决定之日起 10 个工作日内作出不予许可决定,并自决定之日起 10 个工作日内向企业发出《不予行政许可决定书》并说明理由,同时告知申请人依法享有申请行政复议或者提起行政诉讼的权利。

6.4.4　后置现场审查

省级生产许可证主管部门在作出准予许可决定之日起 30 个工作日内完成对企业的后置现场审查。

审查组由监管人员和审查人员组成,审查人员不少于 2 人,审查组根据化肥产品实施细则要求对企业履行承诺情况、申报材料一致性进行后置现场审查,审查组对后置现场审查结论负责。

后置现场审查时,企业最近一次获证的产品应处于正常生产状态,各相关部门人员要在岗到位。

审查组现场按照《磷肥产品生产许可证获证企业后置现场审查办法》或《复肥产品生产许可证获证企业后置现场审查办法》进行后置现场审查,完成《生产许可证获证企业后置现场审查报告》。

审查组对后置现场审查办法的每一个条款进行审查,并根据其满足生产合格产品的能力的程度分别作出符合、不符合的判定。对判为不符合项的须填写详细的不符合事实。

审查结论的确定原则:后置现场审查按产品单元审查,未发现不符合,审查结论为合格,否则为不合格。审查结论不合格则后置现场审查不合格。

后置现场审查结论不合格的,省级生产许可证主管部门需作出撤销决定,并向企业送达和执行《撤销生产许可证决定书》,收回企业生产许可证纸质原件,并办理注销手续。

6.4.5　审查的主要内容

6.4.5.1　营业执照

营业执照、实际生产地址与生产许可证是否一致;经营范围是否涵盖申请许可证产品。

6.4.5.2　产品检验报告

申请时提交的合格的产品检验报告的出具机构是否获得检验检测机构资质认定，认定的检验范围是否包含实施细则要求的产品标准和检验标准，且在有效期内；检验报告的检验项目是否覆盖实施细则规定的产品检验项目。

6.4.5.3　人员

检验人员是否能够规范操作，其操作是否符合检验规程，并正确作出判断；关键工序、质量控制点、特殊过程操作工人是否能够规范操作，操作是否符合技术工艺文件的规定。

6.4.5.4　生产和检验设施设备

是否具备满足其生产、检验所需的工作场所和设施，并运行正常；是否具有《化肥产品生产许可证实施细则》规定，与其生产产品、生产工艺及生产方式相适应的生产设备，并运行正常；是否具有《化肥产品生产许可证实施细则》规定，与其生产产品、生产工艺及生产方式相适应的检验仪器设备，并运行正常。

6.4.5.5　生产记录

受理之日至后置现场审查之日的记录。是否对关键工序生产过程进行如实的记录。

6.4.5.6　原材料采购记录

受理之日至后置现场审查之日的记录。进货记录采购重要原材料是否按规定进行检验，检验记录是否完整、规范并符合相关标准的规定。是否制定了评价规定。是否使用未经证实安全性的工业废酸等作为磷肥生产原料。是否使用未经证实安全性的工业废弃物、城市垃圾、污泥、色素、包膜材料、防结块剂等作为复肥生产原料。

6.4.5.7　出厂检验

受理之日至后置现场审查之日的记录。成品出厂前是否按相关标准进行出厂检验，检验记录是否完整、规范并符合相关标准的规定。

6.4.5.8　不合格品的控制

是否对不合格品的控制和处置作出明确规定并执行到位。

6.4.6 基本流程

企业申请生产许可的基本流程见图 6-1。

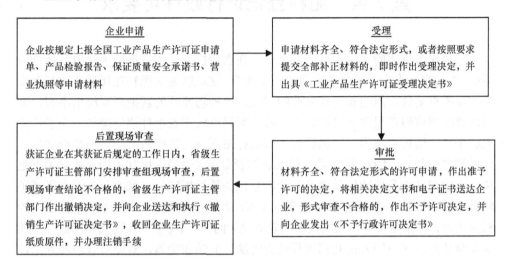

图 6-1 肥料工业生产许可证办理及审批简图

（本章作者：颜庭林、武翻江、黄涛、车宗贤、冯守疆）

第7章　肥料登记证行政许可要求

肥料作为重要的农业生产资料之一，在农业投入品中占据较大比重，俗话说得好，"有收无收在于水，收多收少在于肥"，这足以说明肥料在保证我国粮食安全方面的重要性。但随着现代农业的发展，各种功能性的新型肥料层出不穷，同时也给制假售假者提供了可乘之机，假劣肥料坑农害农事件逐年增加。为了规范肥料生产、销售、使用、管理行为，有效打击假冒伪劣肥料产品，保护合法生产厂商和农民利益，1989 年 9 月 6 日农业部颁布了《中华人民共和国农业部关于肥料、土壤调理剂及植物生长调节剂检验登记的暂行规定》，2000 年又颁布了《肥料登记管理办法》。但随着我国社会主义市场经济的发展，一些新政策、新法规的相继出台，特别是《中华人民共和国农业法》的修订、《中华人民共和国农产品质量安全法》和《中华人民共和国行政许可法》的颁布实施，对肥料管理和登记许可提出新的规定和要求。2017 年 11 月 30 日农业部对《肥料登记管理办法》（农业部令第 8 号）进行了修订。各省（自治区、直辖市）人民政府农业行政主管部门按要求制定了报农业部备案的具体登记管理办法，这些办法的出台和施行，在保障农业生产用肥安全，促进肥料产业健康发展，打击假冒伪劣肥料产品，维护农民群众和企业合法权益等方面都发挥了积极作用。

7.1　办理肥料登记证的许可范围

7.1.1　需要办理肥料登记证的肥料

肥料登记行政许可按登记权限分为以下两类。一是农业农村部登记肥料：大量元素水溶肥料、农业用改性硝酸铵、农业用硝酸铵钙、尿素硝酸铵溶液、农业用硫酸钾镁、农业用氯化钾镁、缓释肥料、增效氮肥；中量元素水溶肥料、中量元素肥料、农业用硝酸钙、农业用硫酸镁；微量元素水溶肥料、微量元素肥料；含氨基酸水溶肥料、含腐植酸水溶肥料、有机水溶肥料；农用微生物菌剂、有机物料腐熟剂、生物有机肥、复合微生物肥料；肥效增效剂、土壤调理剂、农林保水剂。二是省（自治区、直辖市）人民政府农业农村部门登记肥料：复混肥、配方肥（不含叶面肥）、精制有机肥、床土调酸剂。

7.1.2　免予办理肥料登记证的肥料

有国家或行业标准，经农田长期使用的免予登记肥料：硫酸铵，尿素，硝酸铵，氰氨化钙，磷酸铵（磷酸一铵、磷酸二铵），硝酸磷肥，过磷酸钙，氯化钾，硫酸钾，硝酸钾，氯化铵，碳酸氢铵，钙镁磷肥，磷酸二氢钾，单一微量元素肥，高浓度复合肥。

7.1.3　办理肥料登记证注意事项

根据《肥料登记管理办法》的有关规定，境内生产者申请农业农村部肥料登记证，其申请登记资料应经其所在地省级农业农村部门初审后，向农业农村部提出申请。生产者申请肥料登记前，须在中国境内进行规范的田间试验。对有国家标准或行业标准，或肥料登记评审委员会建议经农业农村部认定的产品类型，可相应减免田间试验。生产者可按要求自行开展肥料田间试验，也可委托有关单位开展，生产者和试验单位对所出具的试验报告的真实性承担法律责任。

7.2　肥料登记许可事项

肥料登记许可事项分为以下三种情况。

7.2.1　肥料登记

肥料登记行政许可申请人应是经工商注册，具有独立法人资格的肥料生产企业。国外及港、澳、台地区申请人可直接办理，也可由其在中国境内设立的办事机构或委托的中国境内代理机构办理。肥料登记证有效期为 5 年。

7.2.2　肥料续展登记

在肥料登记证有效期届满需要继续生产、销售该产品的，肥料登记证持有人需要在有效期满 6 个月前向相关发证部门提出肥料续展登记申请。

7.2.3　肥料变更登记

经登记的肥料产品在有效期内改变使用范围、商品名称、企业名称的，肥料登记证持有人需要向相关发证部门提出肥料变更登记申请。

7.3　肥料登记资料要求

符合条件的肥料生产企业需按照《肥料登记资料要求》（2001 年 5 月 25 日农业部公告第 161 号发布，2017 年 11 月 30 日农业部令第 8 号修订）准备申请材料。

7.3.1　农业农村部登记肥料产品

7.3.1.1　肥料登记

申请材料目录（以下材料均需提供原件，标注提供复印件的除外；各材料提供一份）。

1）《肥料登记申请书》。

2）企业证明文件。

境内申请人应提交标注社会统一信用代码的企业注册证明文件复印件（加盖企业公章）。国外及港、澳、台地区申请人应提交所在国（地区）政府签发的企业注册证书和肥料管理机构批准的生产、销售证明。国外肥料生产企业的注册证书和生产销售证明还需经中华人民共和国驻企业所在国（地区）使馆（或领事馆）确认。国外及港、澳、台地区申请人还需提交委托代理协议，代理协议应明确境内代理机构或国外及港、澳、台地区企业常驻代表机构职责，确定其能全权办理在中华人民共和国境内肥料登记、包装、进口肥料等业务，并承担相应的法律责任。

3）省级农业农村部门初审意见表。

4）生产企业考核表。

境内申请人应提交所在地省级农业农村部门或其委托单位出具的肥料生产企业考核表，并附企业生产和质量检测设备设施（包括检验仪器）图片等资料；国外及港、澳、台地区申请人应提交相应的企业生产和质量检测设备设施（包括检验仪器）图片等资料。

5）产品安全性资料。

安全性风险较高的产品，申请人还应按要求提交产品对土壤、作物、水体、人体等方面的安全性风险评价资料。

6）产品有效性资料。

a. 田间试验报告。申请人应按相关技术要求在中国境内开展规范的田间试验，提交每一种作物 1 年 2 个以上（含）不同地区或同一地区 2 年以上（含）的试验报告。肥料田间试验应客观准确反映供试产品的应用效果，有确定的试验地点、科学的试验设计和规范的田间操作，由具有农艺师（中级）以上职称人员主持并签字认可。田间试验报告需注明试验主持人并附职称证明材料、承担田间试验的农户姓名和联系方式，相关试验记录和影像资料要留存备查。土壤调理剂（含土壤修复微生物菌剂）试验应针对土壤障碍因素选择有代表性的 2 个地点开展，提交连续 3 年（含）以上的试验结果；专用于有机物料堆沤或堆腐的有机物料腐熟剂产品提交 2 次（点）堆沤或堆腐试验结果。申请人可按要求自行或委托有关机构开展肥料田间试验。受托开展田间试验的机构可视情况要求委托方提交供试产品检测报告。

b. 产品执行标准。申请人应提交申请登记产品的执行标准。境内企业标准应当经所在地标准化行政主管部门备案。

7）产品标签样式。

申请人应提交符合《肥料登记管理办法》《肥料登记资料要求》规定的产品标签样式。

8）企业及产品基本信息。

a. 生产企业基本情况资料。包括企业的基本概况、人员组成、技术力量、生产规模、设计产能等。

b. 产品研发报告。包括研发背景、目标、过程、原料组成、技术指标、检验方法、应用效果及产品适用范围等。微生物肥料还应提交生产用菌种来源、分类地位（种名）、培养条件、菌种安全性等方面的资料。

c. 生产工艺资料。包括原料组成、工艺流程、主要设备配置、生产控制措施。

9）肥料样品

产品质量检验和急性经口毒性试验应提交同一批次的肥料样品 2 份，每份样品不少于 600g（ml），颗粒剂型产品不少于 1000g。抗爆性试验需提交 1 份不少于 9000g 的样品。包膜降解试验需提交 1 份不少于 1000g 的包膜材料。微生物肥料菌种鉴定需提交试管斜面两支。样品应采用无任何标记的瓶（袋）包装。样品抽样单应标注生产企业名称、产品名称、有效成分及含量、生产日期等信息。境内产品由申请人所在省级农业农村部门或其委托的单位抽取肥料样品并封口，在封条上签字、加盖封样单位公章。

7.3.1.2　肥料续展登记

肥料登记证有效期届满需要继续生产、销售该产品的，肥料登记证持有人应当向农业农村部申请肥料续展登记。

申请材料目录（以下材料均需提供原件，标注提供复印件的除外；各材料提供一份）。

1）《肥料续展登记申请书》。

2）加盖申请人公章的肥料登记证复印件。

3）年度产品质量报告。

申请人应提交由具备相应检测资质机构出具的产品质量检验报告。同时，还需提交产品登记证有效期内产品质量管理、质量认证、监督抽查等方面的情况。

4）产品应用情况报告。

该产品在登记证有效期内使用面积、施用作物、应用效果和主要推广地区等情况。

5）生产企业考核表。

境内申请人应提交由所在地省级农业农村部门或其委托单位出具意见的生产企业考核表。生产企业考核表要求参照《肥料登记行政许可事项服务指南》。

7.3.1.3 肥料变更登记

经登记的肥料产品在有效期内改变使用范围、商品名称、企业名称的，肥料登记证持有人应当向农业农村部申请肥料变更登记。

申请材料目录（以下材料均需提供原件，标注提供复印件的除外；各材料提供一份）。

1）《肥料变更登记申请书》。

2）使用范围变更的，申请人还应提交田间试验报告、产品标签样式。

3）商品名称变更的，申请人还应提交产品标签样式。

4）企业名称变更的，境内申请人还应提交企业注册证明文件复印件等其他与企业名称变更相关的文件资料；国外及港、澳、台地区申请人还应提交企业注册证明复印件、生产销售证明文件、委托代理协议，代理机构企业或国外及港、澳、台地区企业常驻代表机构名称有变化的，也应同时提交企业注册证明文件复印件。

5）田间试验报告、产品标签样式要求参照《肥料登记行政许可事项服务指南》。

7.3.2 省（自治区、直辖市）人民政府农业农村部门登记肥料

7.3.2.1 肥料登记

申请材料目录（以下材料均需提供原件，标注提供复印件的除外；各材料提供一份）。

1）《肥料登记申请书》。

2）企业法人营业执照副本复印件。

申请人应提交标注社会统一信用代码的企业法人营业执照复印件，范围应包括申请登记的肥料类别，并加盖企业公章。

3）生产许可证副本复印件。

申请人办理复混肥料（复合肥料）、掺混肥料（BB 肥）、有机-无机复混肥料登记时应提交生产许可证复印件，并加盖企业公章。

4）产品质量检验报告。

申请人应提交省级以上由具备相应检测资质机构出具的产品质量检验报告。

5）肥料生产企业考核表。

申请人应提交由省级农业农村部门委托所属的土肥机构出具意见的肥料生产企业考核表复印件，并加盖企业公章。

6）产品标识（标签）样式。

申请人应提交符合《肥料登记管理办法》《肥料登记资料要求》和《肥料标识内容和要求》（GB 18382—2001）规定的产品标识（标签）样式。

7）经办人身份证复印件。

7.3.2.2　肥料续展登记

省级农业农村部门颁发的肥料登记证有效期届满需要继续生产、销售该产品的，肥料登记证持有人应当向省级农业农村部门申请肥料续展登记。

申请材料目录（以下材料均需提供原件，标注提供复印件的除外；各材料提供一份）。

1）《肥料续展登记申请书》。

2）企业法人营业执照副本复印件。

3）生产许可证副本复印件。

4）产品质量检验报告。

5）肥料生产企业考核表复印件。

6）原肥料登记证复印件。

7）产品标识（标签）样式。

8）经办人身份证复印件。

7.3.2.3　肥料变更登记

经省级农业农村部门登记的肥料产品在有效期内改变企业名称的，肥料登记证持有人应当向省级农业农村部门申请肥料变更登记。

申请材料目录（以下材料均需提供原件，标注提供复印件的除外；各材料提供一份）。

1）《肥料变更登记申请书》。

2）企业法人营业执照副本复印件。

3）生产许可证副本复印件。

4）产品质量检验报告。

5）肥料生产企业考核表复印件。

6）原肥料登记证。

7）产品标识（标签）样式。

8）经办人身份证复印件。

7.4 肥料登记证禁止性要求

7.4.1 肥料登记

1）没有生产国使用证明（登记注册）的国外产品。

2）不符合国家产业政策的产品。

3）知识产权有争议的产品。

4）不符合国家有关安全、卫生、环保等国家或行业标准要求的产品。

5）申请人隐瞒有关情况或提供虚假材料申请肥料登记，做出不予受理或者不予批准决定未满 1 年的。

6）产品登记审批办结前，同一申请人提交同一产品登记申请的。

7.4.2 肥料续展登记

1）经肥料登记评审委员会审议，由农业农村部宣布禁止使用的肥料产品。

2）转让肥料登记证或登记证号的。

3）肥料登记证有效期内连续两次产品抽查不合格的。

4）申请人隐瞒有关情况或者提供虚假材料申请肥料登记，做出不予受理或者不予批准决定不足 1 年的。

5）肥料登记证有效期届满 90 日前未提出续展登记申请的。

7.4.3 肥料变更登记

1）经肥料登记评审委员会审议，由农业农村部宣布禁止使用或限制使用该肥料产品使用范围的。

2）申请人隐瞒有关情况或者提供虚假材料申请肥料登记，做出不予受理或者不予批准决定不足 1 年的。

7.5　违反肥料登记证许可事项的行为

有下列情形之一的，由县级以上农业行政主管部门给予警告，并处于相应的处罚。

1）生产、销售未取得登记证的肥料产品。

2）假冒、伪造肥料登记证、登记证号的。

3）生产、销售的肥料产品有效成分或含量与登记批准的内容不符的。

4）转让肥料登记证或登记证号的。

5）登记证有效期满未经批准续展登记而继续生产该肥料产品的。

6）生产、销售包装上未附标签、标签残缺不清或者擅自修改标签内容的。

7.6　肥料登记证的办理流程

7.6.1　农业农村部

省级农业农村部门受理辖区肥料生产企业肥料登记申请，对企业生产条件进行考核，提出初审意见。

农业农村部政务服务大厅肥料窗口审查申请人递交的肥料登记相关资料，农业农村部肥料登记评审委员会秘书处核验申请人提交的肥料样品，申请资料齐全符合法定形式且肥料样品符合要求的予以受理。

农业农村部肥料登记评审委员会秘书处根据有关规定对申请资料进行技术审查并组织开展产品质量检测和安全性评价试验。

产品质量检测或安全性评价试验结果不符合要求的，申请人自收到农业农村部肥料登记评审委员会秘书处书面通知之日起 15 日内，可提出一次复检申请。农业农村部肥料登记评审委员会进行评审。

农业农村部种植业管理司根据有关规定及技术审查和评审意见提出审批方案，按程序报签后办理批件。详细流程见图 7-1。

7.6.2　省（自治区、直辖市）人民政府农业农村部门

按各省（自治区、直辖市）人民政府农业农村部门制定的具体肥料登记指南要求流程办理。

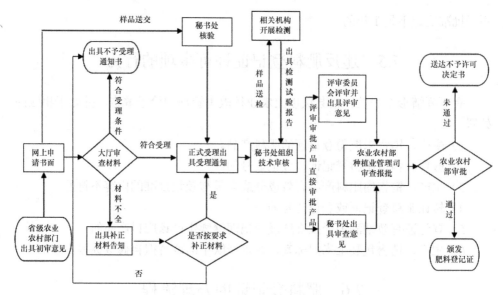

图 7-1　肥料登记审批流程简图

（本章作者：武翻江、颜庭林、车宗贤、冯守疆、袁金华）

参 考 文 献

安华, 马坤佳. 2017. 水溶肥料中腐植酸检测的因素影响. 内蒙古石油化工, (3): 41-43.

白洁, 高冬梅. 2015. 城市污水系统与肥料工业的关系. 科技创新导报, 12(23): 149-150.

曹石榴. 2018. 泥炭在农业中的研究与应用. 现代园艺, (5): 81-82, 164.

曹一平. 2012-05-18. 磷酸二铵的属性与合理施用. 农民日报, (007).

陈百明, 张正峰. 2005. 农作物秸秆气化利用技术与商业化经营案例分析. 农业工程学报, 21(10): 124-128.

陈飞燕. 2009. pH 对微生物的影响. 太原师范学院学报(自然科学版), 8(3): 121-124, 131.

陈可可, 张保林, 侯翠红. 2013. 蒸气压对聚合物包膜肥料氮素释放特性的影响. 中国农学通报, 29(24): 85-89.

陈隆隆, 潘振玉. 2008. 复混肥料和功能性肥料技术与装备. 北京: 化学工业出版社.

陈强. 2000. 缓释肥料的研究进展. 宝鸡文理学院学报: 自然科学版, 20(3): 189-193.

陈清. 2016. 肥料同性"水溶"优劣如何辨别. 农家参谋, (11): 22.

陈润. 2010. 聚氨酯包膜肥料的研制与评价. 郑州大学硕士学位论文.

陈松岭, 蒋一飞, 巴闯, 等. 2017. 生物改性聚乙烯醇可降解包膜材料的特征及其光谱特性. 中国土壤与肥料, (4): 154-160.

陈温福, 张伟明, 孟军. 2014. 生物炭与农业环境研究回顾与展望. 农业环境科学学报, 33(5): 821-828.

崔海涛. 2016. 特种肥: 引领行业发展的一支"奇兵". 农村农业农民(B 版), (7): 21.

崔平, 王江, 姜娜, 等. 2017. 沼液沼渣综合利用的现代生态农业发展成效分析. 绿色科技, (13): 143-144.

邓洪英, 叶正荣, 严泽, 等. 2014. 浅析钼酸铵喷施对冬青稞抗寒性的影响. 西藏农业科技, 36(4): 17-19.

段素梅, 黄义德, 杨安中, 等. 2007. 钼酸铵拌种和喷施对大豆产量、品质和籽粒钼含量的影响. 大豆科学, (2): 181-184, 189.

范本荣, 沈玉文, 江丽华. 2011. 聚合物包膜缓控释肥料的研究进展. 山东农业科学, (9): 76-80.

范金石, 刘国飞, 徐民. 2017. 新型水溶性复合肥防结块剂的制备及其防结块效果研究. 磷肥与复肥, 32(3): 5-7.

封朝晖, 王旭, 刘红芳. 2007. 我国磷酸一铵、磷酸二铵产品质量状况浅析. 中国土壤与肥料, (4): 80-82.

冯先明, 王保明, 彭全, 等. 2017. 我国水溶肥的发展概况与建议. 现代化工, (11): 22-23.

高海英, 陈心想, 张雯, 等. 2013. 生物炭和生物炭基氮肥的理化特征及其作物肥效评价. 西北农林科技大学学报: 自然科学版, 4: 13-19.

高亮, 谭德星, 翟奎林. 2017. 含腐植酸水溶肥料叶面喷施技术综述. 腐植酸, (2): 18-20.

葛诚. 1994. 我国微生物肥料生产应用现状和产品质量监督. 中国科技产业, (4): 46-47.

古丽皮叶·艾乃吐拉. 2016. 我国肥料的使用现状及新型肥料的发展. 农业与技术, 36(10): 14.

韩瑜, 王金梅, 许建光, 等. 2017. 高肥效大量元素水溶肥料的研制及肥效试验. 磷肥与复肥, (10): 56-60.

何绪生, 张树清, 佘雕, 等. 2011. 生物炭对土壤肥料的作用及未来研究. 中国农学通报, 27(15): 16-25.

胡成春. 2018. 农村生活垃圾分类减量和资源化处理的思考. 中国资源综合利用, 36(1): 71-73.

胡秀英, 马迪, 顾磊磊. 2012. 湿法磷酸制备磷酸脲的工艺优化研究. 化工矿物与加工, 41(1): 4-7.

华宗伟, 钟宏, 王帅, 等. 2015. 硫酸钾的生产工艺研究进展. 无机盐工业, 47(4): 1-5.

贾吉秀, 姚宗路, 赵立欣, 等. 2015. 连续式生物质炭化设备的研究. 现代化工, (10): 134-138.

贾小红, 曹卫东, 赵永志. 2012. 有机肥料加工与施用. 北京: 化学工业出版社.

姜佰文, 戴建军, 马献发, 等. 2013. 肥料加工技术与设备. 北京: 化学工业出版社.

靳莹莹, 孙瑞峰, 苏聘. 2016. 包膜型缓控释肥料的国内外研究概况. 蔬菜, (9): 40-44.

郎俊霞. 2017. 污水处理厂污泥处置及利用途径研究. 广东蚕业, 51(9): 17.

黎钦全. 2015. 微肥钼酸铵在甜薯上的应用效果研究. 长江蔬菜, (10): 44-46.

李慧昱. 2017. 中量元素水溶肥料对苹果的肥效试验. 农业科技与装备, (2): 11-14.

李纪伟, 陈肖虎, 王睿, 等. 2015. 湿法磷酸制取磷酸脲工艺优化及杂质行为研究. 无机盐工业, 47(2): 42-45.

李家康, 林葆, 梁国庆, 等. 2001. 对我国化肥使用前景的分析. 植物营养与肥料学报, 7(1): 1-10.

李庆逵, 朱兆良, 于天仁. 1998. 中国农业持续发展中的肥料问题. 南昌: 江西科学技术出版社.

李艳梅, 张兴昌, 廖上强, 等. 2017. 生物炭基肥增效技术与制备工艺研究进展分析. 农业机械学报, 48(10): 1-14.

李燕婷, 肖艳, 李秀英, 等. 2009. 作物叶面施肥技术与应用. 北京: 科学出版社.

李玉华. 2016. 有机肥料生产与应用. 天津: 天津科技翻译出版有限公司.

李玉顺, 高继光, 刘伟, 等. 2016. 浅析液体肥发展现状与存在问题. 氮肥技术, (8): 37-41.

刘广青, 董仁杰. 2009. 生物质能源转换技术. 北京: 化学工业出版社: 42-49.

刘培东, 张祥, 周春梅. 2018. 盘式造粒机的技术改进. 磷肥与复肥, 33(9): 47-48.

刘孝弟, 顾学颖, 曾磊. 2017. 尿素造粒装置生产复合肥工艺方案的分析与探讨. 中氮肥, (1): 29-32.

刘秀梅, 刘光荣, 冯兆滨, 等. 2006. 新型肥料研制技术与产业化开发. 江西农业学报, 18(2): 87-92.

刘英, 熊海蓉, 李霞. 2012. 缓控释肥料的研究现状及发展趋势. 化肥设计, 50(2): 54-57.

刘振刚. 2018-03-16. 氯化钾和硫酸钾使用注意事项. 吉林农村报, (003).

柳丽敏, 张思虹, 支云飞, 等. 2018. 包膜肥料最新研究进展. 现代化工, 38(7): 26-30.

马闯, 介晓磊, 刘世亮, 等. 2011. 喷施硫酸锰对紫花苜蓿草产量和品质的影响. 中国土壤与肥料, (1): 44-48.

马欢欢, 周建斌, 王刘江, 等. 2014. 秸秆炭基肥料挤压造粒成型优化及主要性能. 农业工程学报, (5): 270-276.

梅广林. 2017. 含腐殖酸水溶肥料肥效试验. 种子世界, (10): 23-25.

倪秀菊, 李玉中, 徐春英, 等. 2009. 土壤脲酶抑制剂和硝化抑制剂的研究进展. 中国农学通报, 25(12): 145-149.

庞士花. 2016. 工业磷酸一铵国内外研究现状. 广东化工, 43(10): 125, 129.

彭贤辉, 郭巍, 朱基琛, 等. 2016. 水溶肥料的研究现状及展望. 河南化工, (12): 53-55.

彭晓丽. 2017. 有机水溶肥料在花生上的肥料效应试验. 现代农村科技, (5): 61-63.

普宏宾. 2018. 钙镁磷肥高炉装置系统阻力分析和设备选型. 磷肥与复肥, 33(5): 49-50.

齐国雨. 2015. 硫酸脲复合肥生产技术综论. 磷肥与复肥, 30(12): 20-23.

饶亦武, 秦渤, 付向阳, 等. 2016. 以城镇污水处理厂污泥为原料的有机-无机复合肥研制. 环保科技, 22(5): 14-18.

任慧, 孙雪娇, 杨眉, 等. 2018. 关于沼液沼渣施肥技术的研究. 农业与技术, 38(5): 29-30.

桑亮亮, 叶海龙, 黄丹枫. 2015. 水溶肥料监管体系建设与对策研究——以上海为例. 长江蔬菜, (12): 29-30.

邵光文, 周瑛, 邵建华, 等. 2015. 新型氨基酸肥料的研究与肥效试验. 化肥工业, 42(3): 90-94.

石学勇, 张兵印, 王金铭. 2013. 脲甲醛缓释肥生产工艺技术及应用. 硫磷设计与粉体工程, (1): 41-43.

石元亮. 2004. 长效复合肥的发展现状与前景预测. 中国科技成果, 13: 4-8.

孙蓟锋, 王旭. 2013. 土壤调理剂的研究和应用进展. 中国土壤与肥料, (01): 1-7.

孙鹰翔, 李乾和, 李同花. 2018. 一种脲甲醛腐植酸复合肥生产工艺. 磷肥与复肥, 33(9): 21-22.

汪朝强, 唐浩, 明大增, 等. 2017. 磷酸二氢钾生产方法现状及发展前景. 无机盐工业, 49(6): 7-11.

汪家铭. 2013. 尿素应用新领域及其发展前景综述. 化学工业, 31(11): 24-28.

王迪轩. 2013-12-17. 哪些作物宜用硫酸钾? 农资导报, (C03).

王东头, 刘长青, 王拥军. 2017. 磷酸二氢钾在农业上的超常量施用. 磷肥与复肥, 32(10): 34-36.

王光龙, 张芳军, 张宝林. 2006. 固体硫酸脲的研究. 郑州大学学报(工学版), (4): 32-35.

王恒磊, 姜媛媛, 刘亭, 等. 2017. 复分解法生产硝酸钾新工艺研究. 无机盐工业, 49(11): 48-49, 68.

王晶. 2016. 海洋生物多糖包膜缓释肥的制备及释放性能研究. 中国科学院海洋研究所博士学位论文.

王亮亮, 韩效钊, 沈延彬. 2015. 中量元素水溶肥料理论基础及其应用研究. 磷肥与复肥, (6): 53-56.

王瑞峰, 赵立欣, 沈玉君, 等. 2015. 生物炭制备及其对土壤理化性质影响的研究进展. 中国农业科技导报, 17(2): 126-133.

王素英, 陶光灿, 谢光辉, 等. 2003. 我国微生物肥料的应用研究进展. 中国农业大学学报, 8(1): 14-18.

王婉婷, 邓毅书. 2018. 微生物肥料在农业生产应用中的困境探析. 实用技术, (7): 31-35.

王伟文, 冯小芹, 段继海. 2014. 秸秆生物质热裂解技术的研究进展. 中国农学通报, 27(26): 355-361.

王亚菲, 石岩. 2016. 凹凸棒石在农业生产上应用进展. 耕作与栽培, (2): 69-72.

王颖, 赵丹. 2017. 行业认知 解读水溶肥行业的六大疑惑. 营销界(农资与市场), (9): 22-23.

王永欢. 2012. 水溶肥料的市场现状及发展前景. 蔬菜, (7): 27-29.

吴春燕, 施先义, 韦文业. 2010. 磷酸脲的合成工艺研究. 化工技术与开发, 39(8): 27-28.

吴宇川, 何兵兵, 薛绍秀, 等. 2017. 磷酸二氢钾的制备与应用研究进展. 磷肥与复肥, 32(2): 30-34.

武良, 汤洁. 2016. 我国生物刺激素产业发展现状及趋势. 中国农技推广, (12): 11-13.

武志杰, 陈利军. 2003. 缓释/控释肥料: 原理与应用. 北京: 科学出版社.

奚振邦, 黄培钊, 段继贤. 2013. 现代化学肥料学. 北京: 中国农业出版社.

夏循峰. 2011. 我国肥料的使用现状及新型肥料的发展. 化工技术与开发, 11(40): 45-49.

肖强. 2007. 有机-无机复合材料胶结包膜型缓控释肥料的研制及评价. 中国农业科学院博士学位论文.

谢光辉, 包维卿, 刘继军, 等. 2018. 中国畜禽粪便资源研究现状述评. 中国农业大学学报, 23(4): 75-87.

谢炜, 邹诚茜, 符寒光, 等. 2016. 硼砂制备研究进展. 材料导报, 30(S2): 456-460.

徐久凯. 2015. 聚合物包膜肥膜孔结构与养分扩散机理研究. 山东农业大学硕士学位论文.

薛勇. 2004-04-05. 硫酸铜防治棚菜根部病害. 云南科技报, (004).

闫湘, 王旭, 李秀英, 等. 2015. 我国水溶肥料中重金属含量、来源及安全现状. 植物营养与肥料学报, (4): 45-47.

杨豹嶂, 雷云. 2017. 湿法磷酸合成磷酸脲的实验研究. 磷肥与复肥, 32(10): 14-15, 26.

杨净云, 海建平, 赵丽君, 等. 2012. 不同新型水溶肥料对茶叶的增产效果及经济效益分析. 园艺与种苗, (4): 11-14.

杨双峰, 韩效钊, 张旭, 等. 2015. 新氮酮对水溶肥料润湿性能的影响. 化肥工业, (12): 31-33.

姚健, 杨稚娟, 戴爱梅, 等. 2015. 钼酸铵施用方法对花生生长与产量的影响. 山西农业科学, 43(01): 40-42, 57.

禹化果, 孟庆羽, 陈士更, 等. 2016. 成膜材料在包膜肥料中应用条件的探讨. 磷肥与复肥, 31(1): 20-23.

张夫道, 张树清, 王玉军. 2004. 有机物料高温快速连续发酵除臭技术研究. 农业环境科学学报, 23(4): 796-800.

张亨. 2013. 钼酸铵的生产研究进展. 中国钼业, 37(2): 49-54.

张慧明. 2016. 土壤调节剂的应用现状及展望. 乡村科技, (27): 84.

张家才, 胡荣桂, 雷明刚, 等. 2017. 畜禽粪便无害化处理技术研究进展. 家畜生态学报, 38(1): 85-90.

张莉, 王婧, 逄焕成. 2016. 碱胁迫下磷酸脲降低土壤pH值促进菠菜生长. 农业工程学报, 32(2): 148-154.

张强, 常瑞雪, 胡兆平, 等. 2018. 生物刺激素及其在功能水溶性肥料中应用前景分析. 农业资源与环境学报, 35(2): 111-118.

张强, 付强强, 陈宏坤, 等. 2017. 我国水溶性肥料的发展现状及前景. 山东化工, (6): 33-35.

张伟. 2014. 水稻秸秆炭基缓释肥的制备及性能研究. 东北农业大学硕士学位论文.

张新利. 2018. 农业废弃物工厂化制肥技术. 宁夏农林科技, 59(2): 47-62.

张燕辉, 夏人杰. 2015. 生物炭还田对固碳减排、N_2O 排放及作物产量的影响研究进展. 安徽农学通报, 21(10): 86-88.

赵秉强, 林治安, 刘增兵. 2008. 中国肥料产业未来发展道路: 提高肥料利用率, 减少肥料用量. 磷肥与复肥, 23(6): 1-4.

赵秉强, 许秀成, 武志杰, 等. 2013. 新型肥料. 北京: 科学出版社.

赵秉强, 许秀成. 2010. 加快建设有中国特色缓释肥料技术体系, 推动缓释肥料产业健康发展. 磷肥与复肥, 25(4): 11-13.

赵秉强, 张福锁, 廖宗文, 等. 2004. 我国新型肥料发展战略研究. 植物营养与肥料学报, 10(5): 536-545.

郑茂松, 王爱勤, 詹庚申. 2007. 凹凸棒石黏土应用研究. 北京: 化学工业出版社.

中国农业年鉴编辑委员会. 2002. 中国农业年鉴. 北京: 中国农业出版社.

中华人民共和国农业部. 2006. 《微生物肥料术语》(NY/T 1113—2006).

周航, 曾敏, 曾维爱, 等. 2014. 硫酸亚铁对偏碱烟田土壤及烟草养分吸收的影响. 土壤通报, 45(4): 947-952.

周健民, 沈仁芳. 2013. 土壤学大辞典. 北京: 科学出版社.

周鹂, 鲁剑巍, 李小坤, 等. 2013. 我国大量元素水溶肥料产业发展现状. 现代化工, (4): 29-32.

周丽凤. 2015. 多营养缓释硫肥的制备及养分释放性能研究. 中北大学硕士学位论文.

周连仁, 姜佰文. 2007. 肥料加工技术. 北京: 化学工业出版社.

朱鸿杰, 陈天虎, 彭书传. 2011. 松香凹凸棒石粘土包膜尿素的制备及缓释性能的研究. 中国土壤与肥料, (5): 88-91.

庄晓伟, 陈顺伟, 张桃元, 等. 2009. 7 种生物质炭燃烧特性的分析. 林产化学与工业, 29(S1): 169-173.

邹箐. 2003. 绿色环保缓释/控释肥料的研究现状与展望. 武汉化工学院学报, 25(1): 13-17.

Bursali E A, Coskun S, Kizil M, et al. 2011. Synthesis characterization and *in vitro* antimicrobial activities of boron/starch/polyvinyl alcohol hydrogels. Carbohydrate Polymers, 83(3): 1377-1383.

Lehmann J, Gaunt J, Rondon M. 2006. Bio-char sequestration in terrestrial ecosystems—A review. Mitigation and Adaptation Strategies for Global Change, 11: 403-427.

Zou H T, Ling Y, Yu Y, et al. 2015. Degradation ability of modified polyvinyl alcohol film for coating of fertilizer. Spectroscopy and Spectral Analysis, 35(11): 3262-3267.

致　谢

　　《新型肥料生产工艺与装备》一书，自撰写以来，得到了很多单位的支持与帮助，在本书即将出版之际，对如下单位表示感谢！

　　（排名不分先后）：

甘肃省农业科学院土壤肥料与节水农业研究所

甘肃省耕地质量建设保护总站

甘肃省产品质量监督检验研究院

中国农业大学资源环境与粮食安全研究中心

中国农业科学院农业资源与农业区划研究所

上海化工研究院有限公司肥料与生态研究所

中海石油化学股份有限公司

史丹利化肥定西有限公司

北京三聚绿能科技有限公司

甘肃天元化工有限公司

甘肃驰奈生物能源系统有限公司

甘肃共裕高新农牧科技开发有限公司

甘肃陇康源有机农业科技开发有限公司

甘肃金九月肥业有限公司

甘肃施可丰新型肥料有限公司

甘肃绿能农业科技股份有限公司

白银启源工贸有限公司

金正大生态工程集团股份有限公司

武威金仓生物科技有限公司

河南心连心化学工业集团股份有限公司

夏河县达哇央宗有机肥加工销售有限责任公司

后 记

　　新型肥料是保证农业生产沿着绿色、高效、安全方向发展的重要基础，其发展与现代农业发展密不可分，随着人类对粮食及各种农产品需求量的增加而增长。未来新型肥料的发展趋势：一是新型肥料高效化。在当前农业现代化生产的模式下，对肥料的养分供给要求越来越高，新型肥料不仅需要满足作物生长的养分需求，还需要提高肥料利用率，更要求达到简化施肥操作程序，降低农业生产成本。二是新型肥料复合化。目前农业现代化的发展对肥料的要求不再是单一的化学肥料，而是至少具有两种以上功能的新型肥料，既可以提供作物生长需要的各种养分，也可以起到改良土壤环境的作用。三是新型肥料长效化。相较于传统肥料而言，实现新型肥料功能和时效的长效化更有利于促进我国现代农业的发展。四是新型肥料生物化。功能微生物和有机、无机肥料的广泛复合，在保护生态、农业废弃物资源利用、维护土壤健康、提高肥料利用率和农产品品质等方面具有优势。因此，新型肥料的发展永无止境，与其相适应的新产品创新及配套生产工艺研发永远在路上，我们要不懈地努力，只争朝夕，赶超世界领先水平。

　　随着新型肥料相关技术的研究发展，本书在今后如再版，将会对新型肥料新技术进行补充。

车宗贤

2020 年 3 月 2 日于兰州